高等职业教育工程管理类专业"十四五"数字化新形态教材

建设工程投资控制与合同管理

余春春　郑　嫣　主　编

孔琳洁　沈　坚　副主编

黄乐平　林滨滨　主　审

U0254013

中国建筑工业出版社

图书在版编目(CIP)数据

建设工程投资控制与合同管理 / 余春春,郑嫣主编；
孔琳洁,沈坚副主编. -- 北京：中国建筑工业出版社,
2024.7

高等职业教育工程管理类专业"十四五"数字化新形
态教材

ISBN 978-7-112-29770-2

Ⅰ.①建… Ⅱ.①余… ②郑… ③孔… ④沈… Ⅲ.
①基本建设投资－控制－高等职业教育－教材②建筑工程
－经济合同－管理－高等职业教育－教材 Ⅳ.①F283
②TU723.1

中国国家版本馆 CIP 数据核字(2024)第 079057 号

本书在对建筑业现场管理相关岗位所需的专业知识和专项能力科学分析的基础上,以工程项目为背景,以能力培养为目标,以行动导向为教学组织,以典型工作任务为载体,采用学习领域课程开发模式,创建了建设工程招标投标、建设工程合同管理和建设工程投资控制三个学习领域,旨在培养学生的施工、监理招标投标文件的编写和研读能力,合同的梳理对照判别能力,工程款支付审核和变更索赔处理能力。

本书可作为高等职业教育土建类专业的教学用书,也可供专业技术人员参考使用。

为了更好地支持相应课程的教学,我们向采用本书作为教材的教师提供课件,有需要者可与出版社联系。建工书院：http://edu.cabplink.com,邮箱：jckj@cabp.com.cn,2917266507@qq.com,电话：(010) 58337285。

* * *

责任编辑：聂 伟 杨 虹
责任校对：姜小莲

高等职业教育工程管理类专业"十四五"数字化新形态教材

建设工程投资控制与合同管理

余春春 郑 嫣 主 编
孔琳洁 沈 坚 副主编
黄乐平 林滨滨 主 审

*

中国建筑工业出版社出版、发行(北京海淀三里河路 9 号)
各地新华书店、建筑书店经销
北京红光制版公司制版
建工社（河北）印刷有限公司印刷

*

开本：787 毫米×1092 毫米 1/16 印张：14¾ 字数：362 千字
2024 年 8 月第一版 2024 年 8 月第一次印刷
定价：**46.00** 元（附数字资源及赠教师课件）
ISBN 978-7-112-29770-2
(42842)

前　言

为适应建筑业高素质高技能人才培养的需要，在以就业为导向的能力本位的教育目标指引下，与教育、企业和行业的专家长期合作，进行了系列的教学研究和教学改革，完成了对接岗位标准的投资控制与合同管理相关工作能力训练数字化新形态教材的编写。

本书在对建筑业现场管理相关岗位所需的专业知识和专项能力科学分析的基础上，采用学习领域课程开发模式，以工程项目为背景，以能力培养为目标，以典型工作任务为载体，以行动导向为教学组织，以学生为中心，将相关理论知识结合在能力训练中，进行招标投标、合同管理和投资控制等职业能力的训练。本书在教学内容的编排上充分考虑了高职学生的特点、培养目标和能力体系的要求。本书采用企业提供的丰富、真实的生产环境和工程实例，制作了形式多样、立体化、信息化课程资源，实现教材的多功能作用，充分体现了为能力训练服务的新形态教材的特色。

本书由浙江建设职业技术学院傅敏、余春春负责思路的统筹和提纲的确定，由浙江建设职业技术学院余春春、孔琳洁、褚晶磊、徐震，浙江一诚工程咨询有限公司郑嫣和丽水尚城工程咨询管理有限公司沈坚负责编写，由余春春负责统稿。本书由浙江建设职业技术学院黄乐平和林滨滨主审。本书在编写过程中得到了浙江省全过程工程咨询与监理管理协会、浙江省工程咨询与监理行业联合学院的相关单位领导和专家的大力支持、帮助和指导，在此表示由衷感谢。

本书在写作过程中参考了众多相关的研究论文和著作，引用了大量的文献资料，吸收了多方面的研究成果，绝大部分资料来源已经列出，如有遗漏，恳请原谅。同时向这些文献资料的作者表示诚挚的谢意！

由于高职教育的人才培养方法和手段在不断变化、发展和提高，我们所做的工作也是在探索和尝试，且由于编者自身水平和能力有限，难免存在不妥之处，敬请提出宝贵意见。

编者

目　录

学 习 导 言

1. 课程性质描述

"建设工程投资控制与合同管理"是一门基于工作过程开发的学习领域课程，是土木建筑大类建设工程管理专业的核心课程。

(1) 适用专业：土木建筑大类

(2) 开设时间：第三学期或第四学期

(3) 学分学时：4 学分/64 学时

2. 典型工作任务描述

投资控制与合同管理是建筑业企业的重要工作任务，各专业人员需根据法律法规、规范标准、勘察设计的要求，选择合适的建设承包人、建材供应商、咨询单位，编制招标文件、组织招标、编制投标书、投标、开标、评标、决标、签订合同，对建设合同的履行、变更、索赔、违约进行处置管理，对前期阶段和设计招标阶段进行投资控制，对建设工程款支付、造价调整、竣工结算进行控制。

3. 课程学习目标

《建设工程投资控制与合同管理》以建设工程项目投资控制与合同管理的工作过程为导向，以能力培养为主线，围绕着模拟工程施工的背景材料，根据招标投标、合同管理和投资控制典型工作任务，创建了三个学习领域。

通过本课程的学习，学生应该能够具有下列能力和素养。

(1) 培养正确的政治素养及良好的公民素养、人文素养和职业素养。

(2) 能区分招标类型和必须招标的工程项目。

(3) 会发布和收集合适的招标信息。

(4) 会利用标准文本编制工程招标文件。

(5) 会根据招标文件要求整合投标资料，编制投标文件。

(6) 会进行投标资料的封标和形式要件的审查。

(7) 会组织开标、评标、决标和签订合同。

(8) 能根据《中华人民共和国民法典》中合同编的合同分类，区分合适的合同类型。

(9) 会根据合同示范文本订立建设合同。

(10) 能固定事实，编制工作联系单。

(11) 能区别索赔的原因，编制临时延期申请表或索赔意向通知单。

(12) 能进行合同管理汇总表的记录。

(13) 能进行前期阶段的投资控制。

(14) 能进行设计招标阶段投资控制。

(15) 能编写工程款支付报审表和工程款支付证书。

(16) 能编写索赔意向通知书和费用索赔报审表。

(17) 能编写现场签证表。

4. 学习组织形式与方法

本课程倡导行动导向的教学，通过问题的引导，促进学生进行主动的思考和学习。根据学习情境所需的工作要求，组建学生学习小组。学生在合作中共同完成工作任务。分组时请注意兼顾学生的学习能力、性格和态度等个体差异，以自愿为原则。

教师根据实际工作任务设计教学情境，教师的角色是策划、分析、辅导、评估和激励。学生的角色是主体性学习，应主动思考、自己决定、实际动手操作。学生小组长要引导小组成员制定详细规划，并进行合理有效的分工。

5. 学习情境设计

各学习领域的学习情境设计见表0-1~表0-3。

学习领域1　建设工程招标投标　　　　　　　　　　　　表0-1

学习情境1	确定招标方式	参考学时	4
主要学习目标	能区分招标类型和必须招标的工程项目		
工作任务	根据给定的工程项目建设概况、施工图纸和招标文件标准文本，区分招标类型和必须招标的工程项目		
学习情境2	编制招标文件	参考学时	8
主要学习目标	(1) 会发布和收集合适的招标信息 (2) 会利用标准文本编制工程招标文件		
工作任务	根据给定的工程项目建设概况、施工图纸和招标文件标准文本，编制工程招标文件		
学习情境3	编制投标文件	参考学时	8
主要学习目标	(1) 会根据招标文件要求整合投标资料，编制投标文件 (2) 会进行投标资料的封标和形式要件的审查		
工作任务	根据给定的工程项目建设概况、施工图纸和招标文件文本，编制工程投标文件		
学习情境4	组织开标、评标、决标和签订合同	参考学时	4
主要学习目标	会组织开标、评标、决标和签订合同		
工作任务	根据给定的工程项目，组织该项目的开标、评标、决标和签订合同，填写收标记录表和开标记录表		

学习领域2　建设工程合同管理　　　　　　　　　　　　表0-2

学习情境5	合同类型区分	参考学时	4
主要学习目标	能根据《中华人民共和国民法典》中合同编的合同分类，区分合适的合同类型		
工作任务	根据给定的工程项目建设概况、施工图纸，区分合适的合同类型		
学习情境6	建设合同订立	参考学时	8
主要学习目标	会根据合同示范文本订立建设合同		
工作任务	根据给定的工程项目建设概况、施工图纸和合同示范文本，利用合同洽商记录表订立相应的合同		

续表

学习情境 7	建设合同履行、终止、中止	参考学时	8
主要学习目标	(1) 能固定事实，编制工作联系单 (2) 能区别索赔的原因，编制临时延期申请表或索赔意向通知单 (3) 能进行合同管理汇总表的记录		
工作任务	根据给定的工程项目建设概况、施工图纸、合同和发生变更、索赔的各种事项，固定事实，编制工作联系单；区别索赔的原因，编制临时延期申请表或索赔意向通知单；进行合同管理汇总表的记录		

学习领域 3　建设工程投资控制　　　　　　表 0-3

学习情境 8	前期阶段投资控制	参考学时	4
主要学习目标	能进行前期阶段的投资控制		
工作任务	根据给定的工程项目，进行前期阶段的投资控制		
学习情境 9	设计招标阶段投资控制	参考学时	6
主要学习目标	能进行设计招标阶段投资控制		
工作任务	根据给定的工程项目，进行设计招标阶段投资控制		
学习情境 10	施工阶段投资控制	参考学时	10
主要学习目标	(1) 能编写工程款支付报审表和工程款支付证书 (2) 能编写索赔意向通知书和费用索赔报审表 (3) 能编写现场签证表		
工作任务	根据给定的工程项目，编写工程款支付报审表、工程款支付证书、索赔意向通知书、费用索赔报审表和现场签证表		

6. 学业评价

课程评价总表见表 0-4；学生自评表见表 0-5；学生互评表见表 0-6；教师综合评价表见表 0-7。

课程评价总表　　　　　　表 0-4

学号	姓名	学习领域 1		学习领域 2		学习领域 3		总评
		分值	比例 (40%)	分值	比例 (30%)	分值	比例 (30%)	

学生自评表 表 0-5

学习情境			
评价项目	评价标准	分值	得分
专业知识	能独立完成能力训练	40	
工作态度	态度端正，工作认真、主动	15	
工作质量	能按要求实施，按计划完成工作任务	15	
协调能力	与小组成员、同学之间能合作交流，协调工作	15	
职业素质	具有综合分析问题、解决问题的能力；具有良好的职业道德；事业心强，有奉献精神；为人诚恳、正直、谦虚、谨慎	15	

学生互评表 表 0-6

学习情境											
评价项目	分值	等级				评价对象（组别）					
		优	良	中	差	1	2	3	4	5	6
计划合理	10										
团队合作	15										
组织有序	10										
工作质量	20										
工作效率	10										
工作完整	15										
工作规范	10										
成果展示	10										

教师综合评价表 表 0-7

学习情境				
评价项目		评价标准	分值	得分
考勤（10%）		没有无故迟到、早退、旷课现象	10	
工作过程（60%）	专业知识	能独立完成能力训练	20	
	工作态度	态度端正，工作认真、主动	10	
	工作质量	能按要求实施，按计划完成工作任务	10	
	协调能力	与小组成员、同学之间能合作交流，协调工作	10	
	职业素质	具有综合分析问题、解决问题的能力；具有良好的职业道德；事业心强，有奉献精神；为人诚恳、正直、谦虚、谨慎	10	
项目成果（30%）	工作完整	能按时完成任务	10	
	工作规范	能按示范文本完成文件编制	10	
	成果展示	能准确表达，汇报工作成果	10	
合计			100	
综合评价	自评（20%）	小组互评（30%）	教师评价（50%）	综合得分

学习领域 1　建设工程招标投标

学习情境 1　确定招标方式

1.1　学习情境描述

××国家旅游度假区基础设施建设开发中心已完成了××地块规划 36 班小学一期土建工程的施工图设计及相关手续。

××地块规划 36 班小学一期土建工程已由××市××区发展改革和经济信息化局以×××发改审（2019）×××号批准建设，建设资金来自国有，出资比例为 100%。

项目投资规模：投资估算 21851 万元，工程概算 21751.3 万元，其中建安工程造价 13974.4701 万元；建设规模：总建筑面积 39100m²，其中地上建筑面积 28600m²（不含不计容架空层面积 2102m²），地下建筑面积 10500m²。

项目采取了公开招标的方式选择承包单位。

1.2　学习目标

能区分招标类型和必须招标的工程项目。

码1-1　确定招标方式的学习情境描述

1.3　任务书

根据给定的工程项目建设概况、施工图纸和招标文件标准文本，区分招标类型和必须招标的工程项目。

1.4　工作准备

1. 知识准备

什么是招标和投标？

招标是指招标人事前公布工程、货物或服务等发包业务的相关条件和要求，通过发布广告或发出邀请函等形式，召集自愿参加竞争者投标，并根据事前规定的评选办法选定承包商的市场交易活动。在建筑工程施工招标中，招标人要对投标人的投标报价、施工方案、技术措施、人员素质、工程经验、财务状况及企业信誉等方面进行综合评价，择优选择承包商，并与之签订合同。

投标就是投标人根据招标文件的要求，提出完成发包业务的方法、措施和报价，竞争取得业务承包权的活动。

 引导问题 2

招标分为哪几种形式？其优、缺点分别是什么？

_____

_____

_____

 小提示

招标分为公开招标和邀请招标两种形式。

公开招标又称无限竞争招标，是由招标人以招标公告的方式邀请不特定的法人或者其他组织投标，并通过国家指定的报刊、广播、电视及信息网络等媒介发布招标公告，有意向的投标人接受资格预审、购买招标文件、参加投标的招标方式。

（1）优点

公开招标的优点是投标的承包商多，范围广，竞争激烈，建设单位有较大的选择余地，有利于降低工程造价、提高工程质量、缩短工期。

公开招标是最具竞争性的招标方式，其参与竞争的投标人数量最多，只要符合相应的资质条件，投标人愿意便可参加投标，不受限制，因而竞争程度最为激烈。公开招标可以为招标人选择报价合理、施工工期短、信誉好的承包商，为招标人提供最大限度的选择范围。

公开招标程序最严密、最规范，有利于招标人防范风险，保证招标的效果，有利于防范招标投标活动操作人员和监督人员出现舞弊现象。

公开招标是适用范围最为广泛、最有发展前景的招标方式。在国际上，招标通常都是指公开招标。在某种程度上，公开招标已成为招标的代名词，《中华人民共和国招标投标法》规定，凡法律法规要求招标的建设项目必须采用公开招标的方式，若因某些原因需要采用邀请招标的，必须经招标投标管理机构批准。

（2）缺点

公开招标的缺点是由于投标的承包商多，招标工作量大，组织工作复杂，需投入较多的人力、物力，招标过程所需时间较长。因此，在不违背法律规定的招标投标活动原则的前提下，各地在实践中采取了不同的变通办法。

邀请招标又称为有限竞争性招标，是指招标人以投标邀请书的方式邀请特定的法人或其他组织投标。这种方式不发布公告，招标人根据自己的经验和所掌握的各种信息资料，向具备承担该项工程的施工能力资信良好的三个及以上承包商发出投标邀请书，收到邀请书的单位参加投标。

（1）优点

邀请招标的优点是目标集中，招标的组织工作较容易，工作量较小。邀请招标程序上比公开招标简化，招标公告、资格审查等操作环节被省略，因此在时间上比公开招标短得多。邀请招标的投标人往往为3～5家，比公开招标投标人少，因此评标工作量减少，时间也大大缩短。

（2）缺点

邀请招标的缺点是参加的投标人较少，竞争性较差，招标人对投标人的选择范围小。如果招标人在选择邀请单位前所掌握的信息量不足，则会失去发现最适合承担该项目的承包商的机会。由于邀请招标存在上述缺点，因此有关法规对依法必须招标的建设项目，采用邀请招标的方式进行了限制。

《中华人民共和国招标投标法实施条例》规定，国有资金占控股或者主导地位的依法必须进行招标的项目，应当公开招标；但有下列情形之一的，可以邀请招标：

（1）技术复杂、有特殊要求或者受自然环境限制，只有少量潜在投标人可供选择；

（2）采用公开招标方式的费用占项目合同金额的比例过大。

依法必须进行招标的项目有第（2）项所列情形，按照国家有关规定需要履行项目审批、核准手续，由项目审批、核准部门在审批、核准项目时作出认定；其他项目由招标人申请，有关行政监督部门作出认定。

国务院发展改革部门指导和协调全国招标投标工作，对国家重大建设项目的工程招标投标活动实施监督检查。国务院工业和信息化部、住房和城乡建设部、交通运输部、水利部、商务部等部门，按照规定的职责分工对有关招标投标活动实施监督。

引导问题 3

招标的范围和规模标准是怎么规定的？

_____

_____

_____

_____

小提示

（1）必须招标的工程项目的具体招标范围

1）关系社会公共利益、公众安全的基础设施项目

① 煤炭、石油、天然气、电力、新能源等能源项目；

② 铁路、公路、管道、水运、航空以及其他交通运输业等交通运输项目；

③ 邮政、电信枢纽、通信、信息网络等邮电通信项目；

④ 防洪、灌溉、排涝、引（供）水、滩涂治理、水土保持、水利枢纽等水利项目；

⑤ 道路、桥梁、地铁和轻轨交通、污水排放及处理、垃圾处理、地下管道、公共停车场等城市设施项目；

⑥ 生态环境保护项目；

⑦ 其他基础设施项目。

2）关系社会公共利益、公众安全的公用事业项目

① 供水、供电、供气、供热等市政工程项目；

② 科技、教育、文化等项目；

③ 体育、旅游等项目；

④ 卫生、社会福利等项目；

⑤ 商品住宅，包括经济适用住房；

⑥ 其他公用事业项目。

3）使用国有资金投资项目

① 使用各级财政预算资金的项目；

② 使用纳入财政管理的各种政府性专项建设基金的项目；

③ 使用国有企业事业单位自有资金，并且国有资产投资者实际拥有控制权的项目。

4）国家融资项目

① 使用国家发行债券所筹资金的项目；

② 使用国家对外借款或者担保所筹资金的项目；

③ 使用国家政策性贷款的项目；

④ 国家授权投资主体融资的项目；

⑤ 国家特许的融资项目。

5）使用国际组织或者外国政府资金的项目

① 使用世界银行、亚洲开发银行等国际组织贷款资金的项目；

② 使用外国政府及其机构贷款资金的项目；

③ 使用国际组织或者外国政府援助资金的项目。

（2）必须招标的工程项目的规模标准

施工单项合同估算价在 400 万元人民币以上的；重要设备、材料等货物的采购，单项合同估算价在 200 万元人民币以上的；勘察、设计、监理等服务的采购，单项合同估算价在 100 万元人民币以上的；其他规模标准应符合国家发展和改革委员会 2018 年 6 月实施的《必须招标的工程项目规定》。

（3）可以不进行招标的工程项目

1）建设项目的勘察、设计，采用特定专利或者专有技术的，或者其建筑艺术造型有特殊要求的，经项目主管部门批准，可以不进行招标。

2）涉及国家安全、国际秘密、抢险救灾或者属于利用扶贫资金实行以工代赈、需要使用农民工等特殊情况，不适宜招标的项目，按国家有关规定可以不进行招标工作。

2. 任务交底

根据给定的工程项目，模仿案例，采用"招标方式核对表"，对照《中华人民共和国招标投标法》《中华人民共和国招标投标法实施条例》等相关法律法规，确定具体项目的招标方式。

案例项目中，招标代理机构根据项目性质、投资资金类别、项目规模等，以及是否存在保密、知识产权保护、技术复杂等特殊要求，在表 1-1 中逐条对照《中华人民共和国招标投标法》《中华人民共和国招标投标法实施

码1-2 确定招标方式的任务交底

条例》等相关法律法规，确定该项目招标方式。

××地块规划 36 班小学一期土建工程招标方式核对表　　　　　表 1-1

招标范围和规模		判断依据 （是√，否×）
必须招标的工程项目 的具体招标范围	1. 关系社会公共利益、公众安全的基础设施项目	×
	2. 关系社会公共利益、公众安全的公用事业项目	√
	3. 使用国有资金投资的项目	√
	4. 国家融资的项目	×
	5. 使用国际组织或者外国政府资金的项目	×
必须招标的工程 项目的规模标准	6. 施工单项合同估算价在 400 万元人民币以上的	√
	7. 重要设备、材料等货物的采购，单项合同估算价在 200 万元人民币以上的	×
	8. 勘察、设计、监理等服务的采购，单项合同估算价在 100 万元人民币以上的	×
	9. 其他规模标准应符合国家发展和改革委员会 2018 年 6 月实施的《必须招标的工程项目规定》	×
可以邀请招标 的范围	10. 技术复杂、有特殊要求或者受自然环境限制，只有少量潜在投标人可供选择	×
	11. 采用公开招标方式的费用占项目合同金额的比例过大	×
结论：本项目符合第 2、3、6 条，因此采用公开招标的方式		

1.5　工作实施

根据给定项目的项目性质、投资资金类别、项目规模等，以及是否存在保密、知识产权保护、技术复杂等特殊要求，采用表 1-2，逐条对照《中华人民共和国招标投标法》《中华人民共和国招标投标法实施条例》等相关法律法规，确定具体项目的招标方式。

招标方式核对表　　　　　表 1-2

招标范围和规模		判断依据 （是√，否×）
必须招标的工程项目的 具体招标范围	1. 关系社会公共利益、公众安全的基础设施项目	
	2. 关系社会公共利益、公众安全的公用事业项目	
	3. 使用国有资金投资的项目	
	4. 国家融资的项目	
	5. 使用国际组织或者外国政府资金的项目	

招标范围和规模		判断依据 （是√，否×）
必须招标的工程项目的规模标准	6. 施工单项合同估算价在 400 万元人民币以上的	
	7. 重要设备、材料等货物的采购，单项合同估算价在 200 万元人民币以上的	
	8. 勘察、设计、监理等服务的采购，单项合同估算价在 100 万元人民币以上的	
	9. 其他规模标准应符合国家发展和改革委员会 2018 年 6 月实施的《必须招标的工程项目规定》	
可以邀请招标的范围	10. 技术复杂、有特殊要求或者受自然环境限制，只有少量潜在投标人可供选择	
	11. 采用公开招标方式的费用占项目合同金额的比例过大	
结论：本项目符合第＿＿＿条，因此采用＿＿＿＿＿＿＿招标的方式		

1.6 评价反馈

相关表格详见表 0-4～表 0-7。

学习情境 2 编制招标文件

2.1 学习情境描述

××国家旅游度假区基础设施建设开发中心（建设单位）委托具有相应资质的××工程咨询有限公司代理招标。××工程咨询有限公司编制了招标文件，在××公共资源交易中心网上发布了招标信息。

2.2 学习目标

（1）会发布和收集合适的招标信息；

（2）会利用标准文本编制工程招标文件。

2.3 任务书

根据给定的工程项目建设概况、施工图纸和招标文件标准文本，编制工程招标文件。

码2-1 编制招标
文件的学习情境
描述

2.4 工作准备

1. 知识准备

建设招标投标流程是怎样的？

_____

_____

_____

建设招标投标流程如图 2-1 所示。

建设招标的步骤与要点是什么？

_____

_____

_____

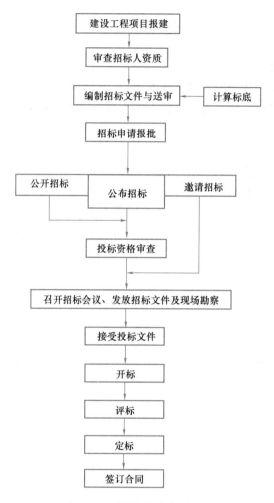

图 2-1　建设招标投标流程

建设招标的步骤与要点如下：

（1）招标申请

招标申请时，招标投标管理机构首先要对招标人的资格进行审查，不具备规定条件的招标人，须委托具有相应资质的咨询、监理等单位代理招标。其次要对招标项目所具备的条件进行审查，符合条件的方准许进行招标。

各地一般规定，招标人进行招标，要向招投标管理机构填报招标申请书。招标申请书经批准后，方可编制招标文件和招标控制价，并将这些文件报招标投标管理机构备案。招标人或招标代理人也可在申报招标申请书时，一并将已经编制完成的招标文件和招标控制价，报招标投标管理机构备案。招投标管理机构对上述文件进行审查认定后，方可发布招标公告或发出投标邀请书。

招标申请书是招标人向政府主管机构提交的要求开始组织招标的一种文书。其主要内容包括招标工程具备的条件、招标的工程内容和范围、拟采用的招标方式和对投标人的要求、招标人或者招标代理人的资质等。

上述规定的主要目的在于促使建设单位严格按基本建设程序办事，防止"三边"工程的发生，并确保招标工作顺利进行。招标申请时，招标投标管理机构还要对项目的招标方式进行审查，凡依法必须招标的项目，没有特殊情况，必须公开招标。有特殊原因需要采用邀请招标的，必须依据《中华人民共和国招标投标法》严格审查。

（2）招标公告或资格预审公告

招标申请书和招标文件等备案后，招标人就要发布招标公告或资格预审公告。

采用公开招标方式的，招标人要在报纸、杂志、广播、电视、网络等大众传媒或建筑工程交易中心公告栏上发布招标公告。信息发布所采用的媒体，应与潜在投标人的范围相适应，不相适应的是一种违背公正原则的违规行为。如国际招标的应在国际性媒体上发布信息，全国性招标的就应在全国性媒体上发布信息，否则即被认为是排斥潜在投标人。必须强调，依法必须招标的项目，其招标公告应当在国家指定的报刊和信息网络上发布。

实行资格预审（在投标前进行资格审查）的，用资格预审通告代替招标公告，即只发布资格预审通告，通过发布资格预审通告，招请投标人；实行资格后审（在开标后进行资格审查）的，不发资格审查通告，而只发招标公告，通过发布招标公告招请投标人。

（3）发放招标文件

招标人将招标文件、图样和有关技术资料给投标人（实行资格预审的须通过资格预审获得投标资格）。投标人收到招标文件、图样和有关资料后，应认真核对，并以书面形式予以确认。

（4）现场踏勘

对于建设施工项目，投标人应进行现场踏勘，以便投标人了解工程场地和周围环境情况。现场踏勘主要应了解以下内容：

1）施工现场是否达到招标文件规定的条件；

2）施工现场的地理位置、地形和地貌；

3）施工现场的工程地质、水文地质等情况；

4）施工现场气候条件，如气温、湿度、风力、年降水量等；

5）现场环境，如交通、饮水、污水排放、生活用电、通信等；

6）工程所在施工现场的位置与布置；

7）临时用地、临时设施搭建等。

（5）招标答疑

投标人在现场踏勘以及理解招标文件、施工图样时的疑问，可以于招标文件规定时间前提出。招标人将在招标文件规定时间前对投标人的疑问作出统一的解答，并以招标补充文件的形式，发放给所有投标人。

（6）投标文件的编制与送交

投标人根据招标文件的要求编制投标文件，并在密封和签章后，于投标截止时间前送达规定的地点。

（7）开标

招标人按招标文件规定的时间、地点，在投标人法定代表人或授权代理人在场的情况下进行开标，把所有投标人递交的投标文件启封公布，对标书的有效性予以确认。

（8）评标

由招标人和招标人邀请的有关经济、技术专家组成评标委员会，在招标管理机构监督下，依据评标原则、评标方法，对投标人的技术标和商务标进行综合评价，确定中标候选单位，并排定优先次序。

采用资格后审的，招标人待开标后先对投标人的资格进行审查，经资格审查合格的，方准其进入评标。经资格后审不合格的投标人的投标应作废标处理。

公开招标资格后审和资格预审的主要内容是一样的。

（9）定标

中标候选单位确定后，招标人可对其进行必要的询标，然后根据情况最终确定中标单位。但在确定中标人之前，招标人不得与投标人就投标价格、投标方案等实质性内容进行谈判。同时，依法必须招标的项目，招标人应当确定排名第一的中标候选人为中标人。排名第一的中标候选人放弃中标、因不可抗力提出不能履行合同，或者招标文件规定应当提交履约保证金而在规定的期限内未能提交的，招标人可以确定排名第二的中标候选人为中标人。

（10）中标通知

中标人确定后，招标人应当向中标人发出中标通知书，同时通知未中标人。中标通知书对招标人和中标人具有法律约束力。中标通知书发出后，招标人改变中标结果或者中标人放弃中标的，应当承担法律责任。

（11）合同签订

中标通知书发出之日起 30 个工作日之内，招标人应当与中标人按照招标文件和中标人投标文件订立书面合同。招标人与中标人签订合同后 5 个工作日内，应当向中标人和未中标的投标人退还投标保证金。

招标文件规定必须交纳履约保证金的，中标单位应及时交纳。未按招标文件及时交纳履约保证金和签订合同的，将被没收投标保证金，并承担违约的法律责任。

引导问题 3

邀请招标与公开招标程序的区别是什么？

_____

_____

_____

_____

小提示

邀请招标与公开招标程序的主要差异是邀请招标无须发布资格预审公告和招标公告，因为邀请招标的投标人是招标人预先通过调查、考察选定的，投标邀请书是由招标人直接发给投标人的。除此之外，邀请招标程序与公开招标程序完全相同。

 引导问题 4

《标准施工招标文件》包含哪些内容？

_____

_____

_____

 小提示

《标准施工招标文件》共包含封面格式和四卷八章的内容，第一卷包括第一章至第五章，涉及招标公告（投标邀请书）、投标人须知、评标办法、合同条款及格式、工程量清单等内容；第二卷由第六章图纸组成；第三卷由第七章技术标准和要求组成；第四卷由第八章投标文件格式组成。标准招标文件相同序号标示的节、条、款、项、目，由招标人依据需要选择其一形成一份完整的招标文件。

（1）招标公告（投标邀请书）

1）招标公告

招标公告适用于进行资格预审的公开招标，内容包括招标条件、项目概况与招标范围、投标人资格要求、招标文件的获取、投标文件的递交、发布公告的媒介和联系方式等内容。

2）投标邀请书

投标邀请书适用于进行资格后审的邀请招标，内容包括被邀请单位名称、招标条件、项目概况与招标范围、投标人资格要求、招标文件的获取、投标文件的递交、确认和联系方式等内容。

3）投标邀请书（代资格预审通过通知书）

投标邀请书（代资格预审通过通知书）适用于进行资格预审的公开招标或邀请招标，对通过资格预审的投标人发放投标邀请通知书。其内容包括被邀请单位名称、购买招标文件的时间、售价、投标截止时间、收到邀请书的确认时间和联系方式等内容。

（2）投标人须知

投标人须知包括前附表、正文和附表格式 3 部分。

前附表：针对招标工程列明正文中的具体要求，明确新项目的要求、招标程序中主要工作步骤的时间安排、对投标书的编制要求等内容。

正文：①总则，包括项目概况、资金来源和落实情况、招标范围、计划工期和质量要求、投标人资格要求等内容；②招标文件，包括招标文件的组成、招标文件的澄清与修改等内容；③投标文件，包括投标文件的组成、投标报价、投标有效期、投标保证金和投标文件的编制等内容；④投标，包括投标文件的密封和标识、投标文件的递交和投标文件的修改与撤回等内容；⑤开标，包括开标时间、地点和开标程序；⑥评标，包括评标委员会和评标原则等内容；⑦合同授予；⑧重新招标和不再招标；⑨纪律和监督；⑩需要补充的

其他内容。

附表格式：即招标过程中用到的标准化格式，包括开标记录表、问题澄清通知书格式、中标通知书格式和中标结果通知书格式。

（3）评标办法

评标办法分为经评审的最低投标价法和综合评估法，供招标人根据项目具体特点和实际需要选择使用。每种评标办法都包括评标办法前附表和正文。正文包括评标办法、评审标准和评标程序等内容。

（4）合同条款及格式

合同条款包括通用合同条款、专用合同条款和合同附件格式3部分。通用合同条款包括一般约定、发包人义务、监理人、承包人、材料和工程设备、施工设备和临时设施、交通运输、测量放线、施工安全、治安保卫和环境保护、进度计划、开工和竣工、暂停施工、工程质量、试验与检验、变更、价格调整、计量与支付、竣工验收、缺陷责任与保修责任、保险、不可抗力、违约、索赔、争议的解决。专用合同条款由国务院有关行业主管部门和招标人根据需要编制。合同附件格式包括合同协议书、履约担保、付款担保3个标准格式文件。

（5）工程量清单

工程量清单包括工程量清单说明、投标报价说明、其他说明和工程量清单的格式等内容。

（6）图纸

图纸包括图纸目录和图纸两部分。

（7）技术标准和要求

技术标准和要求由招标人依据行业管理规定和项目特点进行编制。

（8）投标文件格式

投标文件格式包括投标函及投标函附录、法定代表人身份证明（授权委托书）、联合体协议书、投标保证金、已标价工程量清单、施工组织设计、项目管理机构、拟分包项目情况表、资格审查资料、其他材料10个方面的格式或内容要求。

另外，根据标准文件的规定，招标人对招标文件的澄清与修改也作为招标文件的组成部分。

 引导问题 5

招标文件中的时间安排有什么规定？

 小提示

（1）资格预审中各流程的时间规定

1）资格预审文件发售期：不得少于 5 日。

2）提交资格预审申请文件的期限：自资格预审文件停止发售之日起不得少于 5 日。

3）澄清或修改资格预审文件的期限：澄清或修改资格预审文件影响资格预审申请文件编制的，应在资格预审申请文件提交截止时间 3 日前作出。

4）资格预审文件异议提出期限：资格预审申请文件提交截止时间 2 日前提出。

5）资格预审文件异议答复限：招标人应在收到异议之日起 3 日内答复，作出答复前，暂停招标投标活动。

6）资格预审申请人或其他利害关系人提出投诉期限：自知道或应当知道之日起 10 日内。

7）行政监督部门处理投诉期限：自收到投诉之日起 3 个工作日决定是否受理，并自受理之日起 30 个工作日作出处理，需要检验、检测、鉴定、专家评审的，所需时间不计算在内。

（2）不含资格预审各流程时间安排

1）招标文件发售期：不得少于 5 日。

2）提交投标文件的期限：自招标文件发出之日起不得少于 20 日。

3）澄清或修改招标文件的时间：澄清或修改招标文件影响投标文件编制的，应在投标截止时间 15 日前作出。

4）招标文件异议提出和答复时间期限：投标截止时间前 10 日前提出。

5）招标文件异议答复时间期限：在收到异议之日起 3 日内答复，作出答复前，暂停招标投标活动。

6）投标截止时间前撤回投标文件时投标保证金返还期限：自收到投标人书面撤回通知之日起 5 日内。

7）开标时间：与投标截止时间为同一时间。

8）开标异议提出期限：当场。

9）开标异议答复期限：当场。

10）中标候选人公示开始时间：自收到评标报告之日起 3 日内。

11）中标候选人公示期：不少于 3 日。

12）评标结果异议提出期限：公示期内。

13）评标结果异议答复期限：收到异议之日起 3 日内。

14）合同签订期限：在投标有效期内及发出中标通知书之日起 30 日内。

15）投标保证金有效期：与投标有效期一致。

16）投标保证金返还期限：最迟在合同签订后 5 日内。

17）投标人或其他利害关系人提出投诉期限：自知道或应当知道之日起 10 日内。

18）行政监督部门处理投诉期限：自收到投诉之日起 3 个工作日决定是否受理，并自受理之日起 30 个工作日作出处理，需要检验、检测、鉴定、专家评审的，所需时间不计算在内。

19）提出延长投标有效期的时间：在投标有效期内不能完成评标和定标工作时。

20）招标投标情况书面报告期限：自确定中标人之日起 15 日内。

21）招标投标违法行为对外公告期限：自招标投标违法行为处理决定作出之日起 20 个工作日内对外进行记录公告，违法行为记录公告期限为 6 个月，公告期满后，转入后台保存。依法限制招标投标当事人资质（资格）等方面的行政处理决定，所认定的限制期限长于 6 个月的，公告期限从其决定。

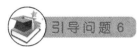 引导问题 6

关于投标人资质条件、能力和信誉有什么规定？

_____

_____

_____

_____

 小提示

投标人资质条件、能力和信誉一般包含资质条件，财务要求，业绩要求，信誉要求，项目经理/总监理工程师资格等。

（1）资质条件

建筑业企业资质分为施工综合资质、施工总承包资质、专业承包资质和专业作业资质 4 个序列。其中施工综合资质不分类别和等级；施工总承包资质设有 13 个类别，分为 2 个等级（甲级、乙级）；专业承包资质设有 18 个类别，一般分为 2 个等级（甲级、乙级，部分专业不分等级）；专业作业资质不分类别和等级。

工程监理企业资质分为综合资质、专业资质 2 个序列。其中综合资质不分类别、不分等级；专业资质设有 10 个类别，分为 2 个等级（甲级、乙级）。

工程设计资质分为工程设计综合资质（不分类别、等级）、工程设计行业资质〔设有 14 个类别，设有甲级、乙级（部分资质只设甲级）〕、工程设计专业资质〔设有 67 个类别，设有甲级、乙级（部分资质只设甲级）〕、建筑工程设计事务所资质（设有 3 个类别，不分等级）4 种资质。

工程勘察资质分为工程勘察综合资质（不分类别、等级）、工程勘察专业资质（岩土工程、工程测量和勘探测试 3 类，设有甲级、乙级）。

（2）财务要求

一般需要提供近三年的财务报表信息。具体证明是银行出具的 AAA 或其他等级的资信证明，也可以是企业主要开户行出具的信用说明、存款证明等。

财务报表是指对企业财务情况、经营成果和现金流量的结构性描述，是反映企业某一特定日期财务状况和某一会计期间经营成果、现金流量的书面文件。

根据现行会计准则的规定，财务报表至少应当包括资产负债表、利润表、现金流量表、所有者权益（或股东权益）变动表和附注。

（3）业绩要求

一般要求以项目经理/总监理工程师身份完成项目类似业绩。

1）企业业绩证明材料

企业业绩证明材料应同时提供：①中标通知书或施工合同；②工程验收证明材料：工程竣工验收记录表或竣工验收备案表或竣工验收意见表或建设行政主管部出具的竣工验收证明或质量监督部门出具的竣工验收证明；③以上证明材料必须提供原件（或提供经档案馆盖章的复印件），缺一不可。

2）项目经理/总监理工程师业绩证明材料

项目经理/总监理工程师业绩证明材料应同时提供：①能证明项目经理/总监理工程师业绩的中标通知书或施工合同；②工程验收证明材料：能证明项目经理/总监理工程师业绩的工程竣工验收记录表或竣工验收备案表或竣工验收意见表或建设行政主管部出具的竣工验收证明或质量监督部门出具的竣工验收证明；③以上证明材料必须提供原件（或提供经档案馆盖章的复印件），缺一不可。

3）业绩证明时间以竣工证明材料为准。

4）业绩中的建设规模和特征需从以上某项资料中得到明确体现，否则该业绩证明不予认可。

如为专业工程则上述第1）～3）点中的工程验收证明材料是指专业（分部分项）工程通过验收的证明材料。

（4）信誉要求

1）在投标截止时间当日投标人没有被市住房和城乡建设委或省住房和城乡建设厅（含省建筑业管理局）或住房和城乡建设部限制参加投标。在投标截止时间当日投标人没有被市住房和城乡建设委或省住房和城乡建设厅（含省建筑业管理局）或住房和城乡建设部已经确认并公示（或发布）的正处于公示（或发布）期间的不良行为记录。

2）投标人发生合并、分立、破产等重大变化的，应当及时书面告知招标人。投标人不再具备招标文件规定的资格条件或者其投标影响招标公正性的，其投标无效。

（5）项目经理/总监理工程师资格

项目经理应具有注册在投标人单位的相应工程专业相应等级的建造师执业资格，同时具有"三类人员"B类证书。中标候选人在中标候选人公示结束前向招标人报备符合规定的项目经理。

总监理工程师须具备国家注册监理工程师证书，注册专业为相应工程专业。

 引导问题7

投标文件一般分为哪几个部分？

_____

_____

_____

投标文件一般分为商务标、资信标和技术标。

（1）商务标

商务标是指与设计方案相对应的具体产品报价及报价说明。主要是预算报价部分，即结合自身和外界条件对整个工程的造价进行报价。

（2）资信标

资信标包括公司资质、公司情况介绍等一系列内容，同时也包括招标文件要求提供的其他文件等相关内容，如公司的业绩和各种证件、报告等。

（3）技术标

技术标包括工程的描述、设计和施工方案等技术方案，工程量清单、人员配置、图纸、表格等与技术相关的资料。

投标有效期有什么规定？

投标有效期是投标文件保持有效的期限，投标文件是投标人根据招标文件向招标人发出的要约，根据《中华人民共和国民法典》有关承诺期限的规定，投标有效期为招标人对投标人发出的要约作出承诺的期限，也是投标人就其提交的投标文件承担相关义务的期限。

招标人应当在招标文件中载明投标有效期。投标有效期从提交投标文件的截止之日计算。合理的投标有效期不但要考虑开标、评标、定标和签订合同所需时间，而且要综合考虑招标项目的具体情况、潜在投标人的信用状况以及招标人自身的决策机制。

投标保证金和履约保证有什么要求？

投标保证金是投标人按照招标文件规定的形式和金额向招标人递交的，约束投标人履行其投标义务的担保。

《中华人民共和国招标投标法实施条例》规定，招标人在招标文件中要求投标人提交投标保证金的，投标保证金不得超过招标项目估算价的 2%，投标保证金有效期应当与投标有效期一致。依法必须进行招标的项目的境内投标单位，以现金或者支票形式提交的投标保证金应当从其基本账户转出。招标人不得挪用投标保证金。

履约担保是工程发包人为防止承包人在合同执行过程中违反合同规定或违约，并弥补给发包人造成的经济损失。其形式有履约担保金（又叫履约保证金）、履约银行保函和履约担保书三种。履约保证金可用履约担保、保兑支票、银行汇票或现金支票，履约保证金一般不超过合同价格的 10%。

2. 任务交底

根据给定的工程项目建设概况、施工图纸和招标文件标准文本，编制建设招标文件（含招标公告）。

这里重点介绍招标公告和投标人须知。本书以××地块规划 36 班小学一期土建工程施工招标为例进行介绍。项目范例如下所示。

码2-2 编制招标文件的任务交底

项目范例：

第一章　招标公告

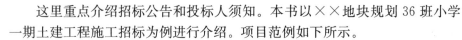

_____××地块规划 36 班小学一期土建工程_____ **施工招标公告**

1. 招标条件

本招标项目××地块规划 36 班小学一期土建工程已由××市××区发展改革和经济信息化局以×××发改审（2019）×××号批准建设，项目业主为××国家旅游度假区基础设施建设开发中心，建设资金来自国有，项目出资比例为 100%，招标代理机构为××工程咨询有限公司。项目已具备招标条件，现对该项目的施工进行公开招标。

2. 项目概况与招标范围

2.1　项目概况：本项目投资估算 21851 万元，工程概算 21751.3 万元，其中建安工程造价 13974.4701 万元；建设规模：总建筑面积 39100m²，其中地上建筑面积 28600m²（不含不计容架空层面积 2102m²），地下建筑面积 10500m²。建设地点：位于××市×××地块。

2.2　招标范围：招标文件、工程量清单及施工图范围内所有内容，包括但不限于教学综合楼、地下车库、门卫、垃圾房、室内篮球馆等，总建筑面积 39100m²，其中地上建筑面积 28600m²（不含不计容架空层面积 2102m²），地下建筑面积 10500m²。具体以提供的施工图、工程量清单及其编制说明中明确的内容为准。

2.3 施工总工期：630 日历天。

3. 投标人资格要求

3.1 本次招标要求投标人须具备：建筑工程施工总承包乙级及以上资质，并在人员、设备、资金等方面具有相应的施工能力。

3.2 本次招标不接受联合体投标。联合体投标的，应满足下列要求： / 。

3.3 其他要求：拟派项目负责人具有注册在投标人单位的建筑工程专业一级建造师执业资格，同时具有"三类人员"B 类证书。如在投标截止日存在在其他任何在建合同工程上担任项目负责人的或在投工程中担任拟派项目负责人的，不得以拟派项目负责人的身份参加本次投标。

4. 招标文件的获取

凡有意参加投标者，请直接在××市公共资源交易网上下载招标文件（包括工程量清单、图纸资料等）。

5. 投标文件的递交

5.1 投标人在时间安排表上规定的时间办理银行保函收讫凭证事宜。

5.2 投标文件递交的截止时间（投标截止时间，下同）见时间安排表，地点为××市行政审批与公共资源交易服务管理中心收标区（地点：×××路×××号）。

5.3 逾期送达的或者未送达指定地点的投标文件，招标人不予受理。

6. 发布公告的媒介

本次招标公告在××市公共资源交易网上发布。

7. 联系方式

招标人：××国家旅游度假区基础设施建设开发中心	招标代理机构：××工程咨询有限公司
联系人： ×××	联系人： ×××
电话： ×××	电话： ×××
传真： ×××	传真： ×××

××××年××月××日

第二章　投标人须知

投标人须知前附表

条款号	条款名称	编列内容
1.1.2	招标人	名称：××国家旅游度假区基础设施建设开发中心 地址：××市××区×××路×××号 联系人：××× 电话：×××
1.1.3	招标代理机构	名称：××工程咨询有限公司 地址：××市××区×××路×××号 联系人：××× 电话：×××
1.1.4	项目名称	××地块规划36班小学一期土建工程
1.1.5	建设地点	××市×××地块
1.2.1	资金来源	国有
1.2.2	出资比例	100%
1.2.3	资金落实情况	100%
1.3.1	招标范围	包括　招标文件、工程量清单及施工图范围内所有内容，包括但不限于教学综合楼、地下车库、门卫、垃圾房、室内篮球场等，总建筑面积39100m²，其中地上建筑面积28600m²（不含不计容架空层面积2102m²），地下建筑面积10500m²，具体以工程量清单及施工图纸为准
1.3.2	计划工期	招标计划工期：630日历天 计划开工日期：2021年1月1日 计划竣工日期：2022年9月22日
1.3.3	质量要求	符合现行国家有关工程施工验收规范和标准的合格要求
1.4.1	投标人资质条件、能力和信誉	（1）资质条件：建筑工程施工总承包乙级及以上资质； （2）财务要求：　/　； （3）业绩要求：以项目负责人身份完成土建公用工程施工类似业绩；具体要求详见正文； （4）信誉要求：具体要求详见正文； （5）项目经理（建造师，下同）资格：注册在投标人单位的建筑工程专业一级建造师执业资格，同时具有"三类人员"B类证书，中标候选人在中标候选人公示结束前向招标人报备符合规定的项目经理，具体要求详见正文
1.4.2	是否接受联合体投标	☑不接受
1.9.1	踏勘现场	□接受，应满足下列要求： ☑不组织 □组织，踏勘时间： 　　　　踏勘集中地点：

条款号	条款名称	编列内容
1.10.1	投标预备会	☑不召开 □召开，召开时间： 召开地点：
1.10.2	投标人提出问题的截止时间	2020年10月17日16：30
1.10.3	招标人书面澄清的时间	2020年10月20日16：30
1.11	分包	☑不允许 □允许，分包内容要求： 分包金额要求： 接受分包的第三人资质要求：
1.12	偏离	☑不允许　□允许
2.1	构成招标文件的其他材料	图纸、工程量清单等
2.2.1	投标人要求澄清招标文件的截止时间	在2020年10月20日前在网上提交
2.2.2	投标截止时间及招标人澄清时间	截止时间2020年11月10日上午9点；澄清时间2020年10月25日
2.2.3	投标人确认收到招标文件澄清的时间和方式	本工程招标文件的澄清、修改、补充等内容经××市建设工程招标投标处备案后，在网上发布信息向所有投标人公告，投标人应自行查看并下载上述内容，不须作收到确认。 请各投标人关注网站上的补充答疑，已公布的补充答疑投标人未查看的，投标人自行承担其后果
2.3.1	招标文件的修改时间	同本章前附表2.2.2
2.3.2	投标人确认收到招标文件修改的方式	同本章前附表2.2.3
3.1.1	构成投标文件的其他材料	无
3.1.1.2	技术标编制要求	□不须编制，按投标人的信用评价分值计入资信标，具体分值见正文的规定。 □(1)编制内容：具体要求详见正文； (2)编制要求：暗标中的内容不得透露投标单位文字或其他可能泄露投标人情况的文字或符号，否则评标委员会应当否决其投标
3.1.1.3	资信标编制要求	(1)编制内容：具体要求详见正文； (2)资料原件提供要求：具体要求详见正文
3.3.1	投标有效期	60个工作日
3.4	投标保证金	□采用银行转账或银行保函或保险凭证 投标保证金的金额：80万元（工程投资的1%） 采用银行转账的投标人凭CA锁下载招标文件并获取投标保证金子账号； 采用银行保函的提交投标文件时提供银行保函收讫凭证； 采用保险凭证的提交投标文件时提供的保险凭证。 注：投标人（联合体投标是指联合体牵头人）在提交投标文件时必须同时提供在"××市公共资源交易网"上打印的投标报名回单，否则拒收投标文件（本招标文件是公开招标，此注意事项对本文件不适用）
3.5.2	近年财务状况的年份要求	□不要求提供 ☑要求提供：1年

续表

条款号	条款名称	编列内容
3.5.4	正在施工和新承接的项目要求	☑不要求提供 □要求提供；___年
3.5.5	近年发生的诉讼及仲裁情况的年份要求	□不要求提供 ☑要求提供；1年
3.5.11	资格审查其他材料	无
3.6	是否允许递交备选投标方案	☑不允许　□允许
3.7.3	签字或盖章要求	1. 商务标（不包括授权委托书）、技术标、资信标相应要求盖章处用CA锁进行电子签章（电子签章后打印的纸质投标文件不用重复盖章）。如为联合体投标的除联合体协议书外，可由联合体牵头人进行电子签章； 2. 授权委托书应加盖单位章，法定代表人应签字或盖章。如为联合体投标的可由联合体牵头人签字、盖章
3.7.4	投标文件副本份数	1. 商务标：最终生成纸质投标文件一份； 2. 电子投标文件：生成本工程加密标书所用的CA锁（电子投标文件在××市公共资源交易网上直接提交）；电子光盘（如有）、U盘（如有）另行提供备份； 3. 技术标：不需要提供纸质投标文件； 4. 资信标：不需提供纸质投标文件； 5. 证书原件一份
3.7.5	装订要求	根据正文规定的投标文件组成内容，按以下要求装订： □不分册装订 ☑分册装订，分别为： （1）商务标（不包括授权委托书）； （2）电子投标文件［含生成本工程加密标书所用的CA锁、光盘（如有）、U盘（如有）］； （3）证书原件（无需装订，单独密封）
4.1.1	投标文件的密封	1. 投标文件的密封：投标文件应妥为密封，贴上封条。在封条及相应地方加盖投标单位公章。封袋、封条由投标人自行制作； 2. 商务标、电子投标文件、证书原件分别单独密封。标函上应分别写明"商务标""电子投标文件""证书原件"等字样
4.2.2	递交投标文件地点	××市行政审批与公共资源交易服务管理中心收标区（地点：×××路×××号）
4.2.3	是否退还投标文件	☑否，资料、证书原件除外　□是
5.1	开标时间和地点	开标时间：同投标截止时间 开标地点：××市行政审批与公共资源交易服务管理中心××开标室（地点：×××路×××号）
5.2	开标程序	（1）密封情况检查：符合第4.1.1款的要求； （2）开标顺序：投标时间截止后在开标室进行电子招标投标文件解锁，并开启技术标（如有）、资信标（如有）、商务标
6.1.1	评标委员会的组建	评标委员会构成：5人及5人以上单数； 评标专家确定方式：按规定组建
7.1	是否授权评标委员会确定中标人	☑是 □否，推荐的中标候选人数：___

续表

条款号	条款名称		编列内容
7.3.1	履约担保		履约担保的形式：现金或保函（银行或保险公司）； 履约担保的金额：2185.1 万元（工程造价的 5%～10%）
10. 需要补充的其他内容			
10.2	工程造价		本工程概算约21751.3万元，招标控制价17401万元［其中安全文明施工费（含扬尘防治增加费）435万元］
10.6	其他人员到场要求		☑要求项目经理到场 □不要求项目经理到场
10.12	创文明标化目标		☑市级 □区级 □其他
10.15	招标人补充的其他内容	1. 采用计税方法	☑一般计税方法 □简易计税方法
		2. 信用评价	本招标文件中涉及信用评价分值以投标截止时间××公共资源交易网公布为准。 信用评价分值是指： ☑房建总承包□市政总承包□园林企业□智能化企业□装饰施工
		3. 总承包服务费	房建总承包范围内专业工程造价的1.5%（包括总承包管理和协调，并同时提供配合服务），材料设备造价的1%； □由招标人另行支付 ☑包含在本次投标报价中

注：本招标文件中涉及相关的投标截止时间及招标人澄清时间、投标人要求澄清招标文件的截止时间、办理保证金等时间详见时间安排表。

2.5 工作实施

根据给定项目的项目性质、投资资金类别、项目规模等工程概况，对照《建设工程招标文件示范文本》，参照任务交底中其他项目的招标公告和投标人须知，编制该项目的施工招标文件。示范文本部分内容如下所示。

示范文本：

第一章 招标公告

_____（项目名称）_____ **施工招标公告**

1. 招标条件

本招标项目____（项目名称）____已由____（项目审批、核准或备案机关名称）____以____（批文名称及编号）____批准建设，项目业主为____（项目业主）____，建设资金来自____（资金来源）____，项目出资比例为____%，招标人为____（招标人名称）____。项目已具备招标条件，现对该项目的施工进行公开招标。

2. 项目概况与招标范围

____（说明本次招标项目的建设地点、规模、计划工期、招标范围、标段划分等）____

3. 投标人资格要求

3.1 本次招标要求投标人须具备：____（施工承包资质名称）____资质，并在人员、设备、资金等方面具有相应的施工能力。

3.2　本次招标_____（接受或不接受）_____联合体投标。联合体投标的，应满足下列要求：_____（包括：联合体牵头人、联合体成员的要求等，如有）_____。

3.3　其他要求：_____（包括企业业绩要求等内容，如有）_____。

4. 招标文件的获取

凡有意参加投标者，请直接在××市公共资源交易网上下载招标文件（包括工程量清单、图纸资料等）。

5. 投标文件的递交

5.1　投标人在时间安排表上规定的时间办理银行保函收讫凭证事宜。

5.2　投标文件递交的截止时间（投标截止时间，下同）见时间安排表，地点为××市行政审批与公共资源交易服务管理中心收标区（地点：×××路×××号）。

5.3　逾期送达的或者未送达指定地点的投标文件，招标人不予受理。

6. 发布公告的媒介

本次招标公告在(××市公共资源交易网）上发布。

7. 联系方式

招标人：_____　　招标代理机构：_____

联系人：_____　　联系人：_____

电　话：_____　　电　话：_____

传　真：_____　　传　真：_____

_____年___月___日

第二章　投标人须知

投标人须知前附表

条款号	条款名称	编列内容
1.1.2	招标人	名称： 地址： 联系人： 电话：
1.1.3	招标代理机构	名称： 地址： 联系人： 电话：
1.1.4	项目名称	
1.1.5	建设地点	
1.2.1	资金来源	
1.2.2	出资比例	
1.2.3	资金落实情况	

条款号	条款名称	编列内容
1.3.1	招标范围	包括＿＿＿＿（各分部分项工程名称）＿＿＿＿等，具体以工程量清单及施工图纸为准
1.3.2	计划工期	招标计划工期：＿＿＿＿＿＿日历天 计划开工日期：＿＿＿＿年＿＿月＿＿日 计划竣工日期：＿＿＿＿年＿＿月＿＿日
1.3.3	质量要求	
1.4.1	投标人资质条件、能力和信誉	（1）资质条件：＿＿＿＿； （2）财务要求：＿＿＿＿； （3）业绩要求：＿＿＿＿；具体要求详见正文； （4）信誉要求：具体要求详见正文； （5）项目经理（建造师，下同）资格：＿＿＿＿，中标候选人在中标候选人公示结束前向招标人报备符合规定的项目经理，具体要求详见正文； （6）其他要求：＿＿＿＿＿＿＿＿＿＿
1.4.2	是否接受联合体投标	□不接受 □接受，应满足下列要求：
1.9.1	踏勘现场	□不组织 □组织，踏勘时间： 　　　　踏勘集中地点：
1.10.1	投标预备会	□不召开 □召开，召开时间： 　　　　召开地点：
1.10.2	投标人提出问题的截止时间	
1.10.3	招标人书面澄清的时间	
1.11	分包	□不允许 □允许，分包内容要求： 分包金额要求： 接受分包的第三人资质要求：
1.12	偏离	□不允许　　　□允许
2.1	构成招标文件的其他材料	图纸、工程量清单等
2.2.1	投标人要求澄清招标文件的截止时间	
2.2.2	投标截止时间及招标人澄清时间	
2.2.3	投标人确认收到招标文件澄清的时间和方式	本工程招标文件的澄清、修改、补充等内容经××市建设工程招标投标处备案后，在网上发布信息向所有投标人公告，投标人应自行查看并下载上述内容，不须作收到确认。 　请各投标人关注网站上的补充答疑，已公布的补充答疑投标人未查看的，投标人自行承担其后果

续表

条款号	条款名称	编列内容
2.3.1	招标文件的修改时间	同本章前附表2.2.2
2.3.2	投标人确认收到招标文件修改的方式	同本章前附表2.2.3
3.1.1	构成投标文件的其他材料	无
3.1.1.2	技术标编制要求	(1) 编制内容： (2) 编制要求：暗标中的内容不得透露投标单位文字或其他可能泄露投标人情况的文字或符号，否则评标委员会应当否决其投标
3.1.1.3	资信标编制要求	□无须编制，按投标人的信用评价分值计入资信标，具体分值见正文的规定。 □(1) 编制内容： (2) 资料原件提供要求：
3.3.1	投标有效期	60个工作日
3.4	投标保证金	□采用银行转账或银行保函或保险凭证 投标保证金的金额：____万元 采用银行转账的投标人凭CA锁下载招标文件并获取投标保证金子账号； 采用银行保函的提交投标文件时提供银行保函收讫凭证； 采用保险凭证的提交投标文件时提供保险凭证。 注：投标人（联合体投标是指联合体牵头人）在提交投标文件时必须同时提供在"××市公共资源交易网"上打印的投标报名回单，否则拒收投标文件
3.5.2	近年财务状况的年份要求	□不要求提供 □要求提供；_____年
3.5.4	正在施工和新承接的项目要求	□不要求提供 □要求提供；_____年
3.5.5	近年发生的诉讼及仲裁情况的年份要求	□不要求提供 □要求提供；_____年
3.5.11	资格审查其他材料	无
3.6	是否允许递交备选投标方案	□不允许 □允许
3.7.3	签字或盖章要求	1. 商务标（不包括授权委托书）、技术标、资信标相应要求盖章处用CA锁进行电子签章（电子签章后打印的纸质投标文件不用重复盖章）。如为联合体投标的除联合体协议书外，可由联合体牵头人进行电子签章； 2. 授权委托书应加盖单位章，法定代表人应签字或盖章。如为联合体投标的可由联合体牵头人签字、盖章

条款号	条款名称	编列内容
3.7.4	投标文件副本份数	1. 商务标：最终生成纸质投标文件一份； 2. 电子投标文件：生成本工程加密标书所用的CA锁（电子投标文件在××市公共资源交易网上直接提交）；电子光盘（如有）、U盘（如有）另行提供备份； 3. 技术标：不需提供纸质投标文件； 4. 资信标：不需提供纸质投标文件； 5. 证书原件一份
3.7.5	装订要求	根据正文规定的投标文件组成内容，按以下要求装订： □不分册装订 □分册装订，分别为： (1) 商务标（不包括授权委托书）； (2) 电子投标文件［含生成本工程加密标书所用的CA锁、光盘（如有）、U盘（如有）］； (3) 证书原件（无需装订，单独密封）
4.1.1	投标文件的密封	1. 投标文件的密封：投标文件应妥为密封，贴上封条。在封条及相应地方加盖投标单位公章。封袋、封条由投标人自行制作； 2. 商务标、电子投标文件、证书原件分别单独密封。标函上应分别写明"商务标""电子投标文件""证书原件"等字样
4.2.2	递交投标文件地点	××市行政审批与公共资源交易服务管理中心收标区（地点：×××路×××号）
4.2.3	是否退还投标文件	□否，资料、证书原件除外　□是
5.1	开标时间和地点	开标时间：同投标截止时间 开标地点：××市行政审批与公共资源交易服务管理中心××开标室（地点：×××路×××号）
5.2	开标程序	(1) 密封情况检查：符合第4.1.1款的要求； (2) 开标顺序：投标时间截止后在开标室进行电子招标投标文件解锁，并开启技术标（如有）、资信标（如有）、商务标
6.1.1	评标委员会的组建	评标委员会构成：5人及5人以上单数； 评标专家确定方式：按规定组建
7.1	是否授权评标委员会确定中标人	□是 □否，推荐的中标候选人数：＿＿＿
7.3.1	履约担保	履约担保的形式：现金或保函（银行或保险公司） 履约担保的金额：
10. 需要补充的其他内容		
10.2	工程造价	本工程概算约＿＿＿元，招标控制价＿＿＿元［其中安全文明施工费（含扬尘防治增加费）＿＿＿元］
10.6	其他人员到场要求	□要求项目经理到场 □不要求项目经理到场
10.12	创文明标化目标	□市级　　□区级　　□其他

续表

条款号	条款名称		编列内容
10.15	招标人补充的其他内容	1. 采用计税方法	□一般计税方法 □简易计税方法
		2. 信用评价	本招标文件中涉及信用评价分值以投标截止时间××市公共资源交易网公布为准。 信用评价分值是指： □房建总承包□市政总承包□园林企业□智能化企业□装饰施工
		3. 总承包服务费	房建总承包范围内专业工程造价的____%（包括总承包管理和协调，并同时提供配合服务），材料设备造价的____%； □由招标人另行支付 □包含在本次投标报价中

注：本招标文件中涉及相关的投标截止时间及招标人澄清时间、投标人要求澄清招标文件的截止时间、办理保证金等时间详见时间安排表。

2.6 评价反馈

相关表格详见表0-4～表0-7。

学习情境 3　编制投标文件

3.1　学习情境描述

投标人在交易中心购买招标文件，参加标前会议，进行现场踏勘，获取招标信息。投标人提出疑问，招标人进行澄清。

根据招标文件要求，将符合要求的投标文件（含编制说明、委托书、资信标、商务标、技术标等）进行封标，按时送达截标地点，做好收标登记。

3.2　学习目标

（1）会根据招标文件要求整合投标资料，编制投标文件；

（2）会进行投标资料的封标和形式要件的审查。

3.3　任务书

根据给定的工程项目建设概况、施工图纸和招标文件文本，编制工程投标文件。

码3-1　编制投标文件的学习情境描述

3.4　工作准备

1. 知识准备

工程投标的工作程序是怎样的？

_____

_____

_____

_____

工程投标的工作程序可以按照图 3-1 所列的步骤进行。

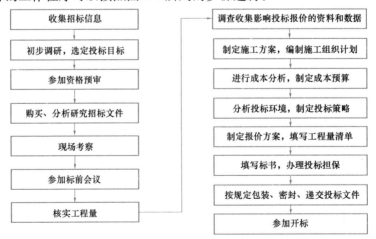

图 3-1　工程投标工作程序

投标文件的组成内容是什么？

投标文件的组成内容：
（1）投标函及投标函附录；
（2）法人身份证明或有效的法人代表人的授权委托书；
（3）联合体投标协议书；
（4）投标保证金；
（5）报价表；
（6）技术标；
（7）项目管理机构；
（8）拟分包项目的情况表；
（9）对招标文件中的合意协议条款内容的确认和响应。

其中，商务标一般由投标函、报价表、法定代表人身份证明和投标保证金组成；资信标由投标企业情况一览表、拟派本项目负责人简历表、拟派本项目现场管理机构及主要人员一览表、企业类似业绩表、项目负责人类似业绩表、相关证书（营业执照、企业资质证书、项目负责人注册执业证书等）等组成；技术标是指施工组织设计（施工招标）或监理大纲（监理招标）或其他技术方案。

投标文件的编制步骤是怎样的？

投标文件的编制步骤：
（1）准备工作；

（2）编制技术标；

（3）编制资信标；

（4）计算投标价（施工投标时需校核或计算工程量）；

（5）编制投标文件。

 引导问题 4

投标文件的密封有什么要求？

_____

_____

_____

_____

 小提示

投标文件应妥为密封，贴上封条。在封条及相应地方加盖投标单位公章。封袋、封条由投标人自行制作。

商务标、资信标、电子投标文件、证书原件一般分别单独密封。标函上应分别写明"商务标""资信标""电子投标文件""证书原件"等字样。

2. 任务交底

根据给定的工程项目建设概况、施工图纸和招标文件文本，编制投标文件。投标文件的编制应全面响应招标文件。本案例重点介绍施工和监理商务标和资信标的编制，技术标的编制在其他专业课程中介绍。

码3-2 编制投标文件的任务交底

任务 1：施工投标

本任务中投标保证金、已标价工程量清单、近年财务状况表、相关证书、技术标等具体内容详见其他专业课程，本任务中未进行编写示范，项目范例如下所示。

项目范例

授权委托书（开标时携带）

本人＿＿张××＿＿（姓名）系＿＿＿××建筑有限公司＿＿＿（投标人名称）的法定代表人，现委托＿李××＿＿（姓名）为我方代理人。代理人根据授权，以我方名义签署、澄清、说明、补正、递交、撤回、修改＿＿××地块规划 36 班小学一期土建工程＿＿（项目名称）施工投标文件、签订合同和处理有关事宜，其法律后果由我方承担。

委托期限：＿＿＿2020 年 11 月 10 日—2021 年 1 月 9 日＿＿＿。

代理人无转委托权。

投 标 人：＿＿＿××建筑有限公司＿＿＿（盖单位章）

法定代表人：＿＿＿张××＿＿＿（签字或盖章）

身份证号码：＿＿＿×××＿＿＿

委托代理人：＿＿＿李××＿＿＿（签字或盖章）

身份证号码：＿＿＿×××＿＿＿

2020 年 11 月 10 日

注：本授权委托书开标时携带，不装入标函袋内。

××地块规划 36 班小学一期土建工程 ［×××发改审（2019）×××号］

施工招标

投 标 文 件

投 标 人： ＿＿＿××建筑有限公司＿＿＿ （盖章）

委托代理人： ＿＿＿＿＿李××＿＿＿＿＿ （签字或盖章）

日 期： ＿＿2020 年 11 月 10 日＿＿

目　　录

1. 商务标

　　（1）投标函

　　（2）法定代表人身份证明

　　（3）投标保证金（略）

　　（4）已标价工程量清单（略）

2. 资信标

　　（1）投标人基本情况表

　　（2）近年财务状况表（略）

　　（3）近年完成的类似项目情况表

　　（4）正在施工的和新承接的项目情况表

　　（5）项目管理机构一览表

　　（6）相关证书（略）

　　　①营业执照

　　　②企业资质证书

　　　③安全生产许可证

　　　④项目经理资质证书

　　　⑤三类人员证书

　　　⑥七大员证书

　　（7）承诺书

3. 技术标

××地块规划 36 班小学一期土建工程 [×××发改审（2019）×××号]

施工投标文件

商　务　标

投标人：＿＿＿＿＿＿××建筑有限公司＿＿＿＿＿＿（盖单位章）

法定代表人或其委托代理人：＿＿＿张××＿＿＿（签字或盖章）

＿2020＿年＿11＿月＿10＿日

投标函
（适用于投标保证金或银行保函）

<u>　　××国家旅游度假区基础设施建设开发中心　　</u>（招标人名称）：

　　1. 我方已仔细研究了<u>　　××地块规划 36 班小学一期土建工程　　</u>（项目名称）施工招标文件的全部内容，愿意以人民币（大写）<u>　　壹亿柒仟叁佰伍拾万元　　</u>（￥173500000）的投标总报价，项目经理（姓名）<u>李××</u>，工期<u>　630　</u>日历天，按合同约定实施和完成承包工程，修补工程中的任何缺陷，工程质量达到<u>合格</u>。

　　2. 我方承诺在投标有效期内不修改、撤销投标文件。

　　3. 随同本投标函提交投标保证金（或银行保函）一份，金额为人民币（大写）<u>捌拾万</u>元（￥800000）。

　　4. 如我方中标：

　　（1）我方承诺在收到中标通知书后，在中标通知书规定的期限内与你方签订合同。

　　（2）我方承诺按照招标文件规定向你方递交履约担保。

　　（3）我方承诺在合同约定的期限内完成并移交全部合同工程。

　　5. 我方在此声明，所递交的投标文件及有关资料内容完整、真实和准确，且不存在第二章"投标人须知"第 1.4.3 项规定的任何一种情形。

　　6. <u>　　　　　　　　　　／　　　　　　　　　　</u>（其他补充说明）。

　　7. 承包负责人（姓名）：<u>　　／　　</u>（没有承包负责人则不需填写，如有承包负责人则应填写且按招标文件要求提供相关资料）。

投　标　人：<u>　××建筑有限公司　　　　　</u>（盖单位章）

法定代表人或其委托代理人：<u>　×张××　　　</u>（签字或盖章）

地　　　址：<u>　　××× 　　　　　　　</u>

网　　　址：<u>　　××× 　　　　　　　</u>

电　　　话：<u>　　××× 　　　　　　　</u>

传　　　真：<u>　　××× 　　　　　　　</u>

邮政编码：<u>　　××× 　　　　　　　</u>

2020 年 11 月 10 日

法定代表人身份证明

投标人名称：＿＿＿＿＿＿＿×× 建筑有限公司＿＿＿＿＿＿＿＿

单位性质：＿＿＿＿＿＿＿＿＿集体＿＿＿＿＿＿＿＿＿＿＿＿＿

地址：＿＿＿＿＿＿＿＿××市××路××号＿＿＿＿＿＿＿＿＿＿

成立时间：＿＿＿＿＿＿××××年××月××日＿＿＿＿＿＿＿＿＿

经营期限：＿＿＿＿＿＿＿＿＿长期＿＿＿＿＿＿＿＿＿＿＿＿＿

姓名：张×× （法定代表人）性别：＿＿＿男＿＿＿年龄：＿×××＿职务：董事长

系＿＿＿＿＿＿××建筑有限公司＿＿＿＿＿＿＿＿（投标人名称）的法定代表人。

特此证明。

投标人：＿＿＿××建筑有限公司＿（名称）（盖单位章）

2020 年 11 月 10 日

××地块规划建造 36 班小学一期土建工程 ［×××发改审（2019）×××号］

施工投标文件

资　信　标

投标人：　　××建筑有限公司　　　（盖单位章）

法定代表人或其委托代理人：　　张××　　（签字或盖章）

2020 年 11 月 10 日

投标人基本情况表

投标人名称		××建筑有限公司			
注册地址		××市××路××号	邮政编码		×××
联系方式	联系人	×××	电话		×××
	传真	×××	网址		×××
组织结构		集体性质			
法定代表人	姓名	张××	技术职称	工程师	电话 ×××
技术负责人	姓名	×××	技术职称	高级工程师	电话 ×××
成立时间		1982年12月3日	员工总人数：491		
企业资质等级		壹级	其中	项目经理	60
营业执照号		×××		高级职称人员	14
注册资金		7218万元		中级职称人员	142
开户银行		×××		初级职称人员	325
账号		×××		技工	10
经营范围备注		一般经营项目：工业与民用建筑、机电设备安装（不含电力设施）、地基与基础、装修装饰、钢结构、起重设备安装工程承包			

近年完成的类似项目情况表

项目名称	×××小学教学楼工程
项目所在地	××市××路××号
发包人名称	×××小学
发包人地址	××市××路××号
发包人电话	×××
合同价格	3450 万元
开工日期	2017 年 8 月 1 日
竣工日期	2019 年 5 月 23 日
承担的工作	教学楼的土建、水电安装等
工程质量	工程质量符合合格标准
项目经理	×××
技术负责人	×××
总监理工程师及电话	×××
项目描述	该小学教学楼工程总建筑面积 31000m²，其中地上建筑面积 25600m²，地下建筑面积 5400m²
备注	

正在施工的和新承接的项目情况表

项目名称	×××学校宿舍楼工程
项目所在地	××市××路××号
发包人名称	×××学校
发包人地址	××市××路××号
发包人电话	×××
签约合同价	6500 万元
开工日期	2019 年 12 月 1 日
计划竣工日期	2021 年 8 月 30 日
承担的工作	宿舍楼的土建、水电安装等
工程质量	工程质量符合合格标准
项目经理	×××
技术负责人	×××
总监理工程师及电话	×××
项目描述	该学校宿舍楼工程总建筑面积 45000m²，其中地上建筑面积 37000m²，地下建筑面积 8000m²
备注	

项目管理机构一览表

姓名	本工程拟任岗位	年龄	性别	专业学历	专业年限	职称	安排上岗的起止时间	类似工程经历、业绩情况（或另附简历）
李××	项目经理	50	男	本科	27	高级工程师	2021.1.1—2022.9.22	另附
×××	技术负责人	48	男	本科	25	高级工程师	2021.1.1—2022.9.22	另附
×××	施工员	36	男	本科	13	工程师	2021.1.1—2022.9.22	另附
×××	质检员	30	男	本科	7	工程师	2021.1.1—2022.9.22	另附
×××	安全员	28	男	专科	6	工程师	2021.1.1—2022.9.22	另附
×××	资料员	29	女	专科	7	工程师	2021.1.1—2022.9.22	另附
×××	材料员	30	男	专科	8	工程师	2021.1.1—2022.9.22	另附

承 诺 书

我公司郑重承诺：以下承诺事项均为本企业真实意见表示，愿承担一切责任。若有任何隐瞒事实、弄虚作假、违反本承诺内容的行为，自愿接受取消投标资格或中标资格、不良行为公示、清出××市政府投资工程预选承包商名录等有关处理。

1. 我公司在本工程的招标投标各个阶段提供资料及证书的原件及复印件均为真实有效。

2. 我公司严格执行第二章"投标人须知"第1.4.1项关于项目经理的要求和规定，如不能按规定报备的同意无条件放弃中标。

3. 我公司没有发生安全生产许可证或"三类人员 A 类"证书被吊销或暂扣等情况。

4. 我公司若有串通投标、哄抬标价行为的，愿意承担一切后果，被取消投标资格或中标资格，并被记录信用档案，接受××市建设行政主管部门的处罚。

5. 我公司如有×委发〔2011〕89 号文件规定的出借资质、串通投标行为的，愿意接受行业主管部门的处罚及不良行为公示，同意取消今后一年至三年内参加××市政府投资项目的投标资格。

单位（盖单位章）　　建筑有限公司

日期：2020 年 11 月 10 日

注：联合体投标的可由联合体牵头人进行电子签章。

××地块规划 36 班小学一期土建工程 ［×××发改审（2019）×××号］

施工投标文件

技　术　标

投标人：＿＿＿＿＿＿××建筑有限公司＿＿＿＿＿＿（盖单位章）

法定代表人或其委托代理人：＿＿＿＿＿张××＿＿＿＿＿（签字或盖章）

2020 年 11 月 10 日

（内容略）

任务 2：监理投标

本任务中相关证书、技术标等具体内容详见其他专业课程，本任务中未进行编写示范，项目范例如下所示。

项目范例

授权委托书（开标时携带）

本人×××（姓名）系 ××工程咨询有限公司 的法定代表人，现委托迟××为我方代理人。代理人根据授权，以我方名义签署、澄清、说明、补正、递交、撤回、修改××地块规划 36 班小学一期土建工程监理投标文件、签订合同和处理有关事宜，其法律后果由我方承担。

委托期限：2020 年 12 月 1 日—2021 年 1 月 31 日。

代理人无转委托权。

投　标　人：＿＿＿＿＿＿＿＿××工程咨询有限公司＿＿＿＿＿＿＿＿（盖单位章）

法定代表人：＿＿＿＿＿＿＿＿＿×××＿＿＿＿＿＿＿＿＿＿（签字或盖章）

身份证号码：＿＿＿＿＿＿＿＿＿×××＿＿＿＿＿＿＿＿＿＿

委托代理人：＿＿＿＿＿＿＿＿＿迟××＿＿＿＿＿＿＿＿＿（签字或盖章）

身份证号码：＿＿＿＿＿＿＿＿＿×××＿＿＿＿＿＿＿＿＿＿

2020 年 12 月 1 日

注：本授权委托书开标时携带，不装入标函袋内。

××地块规划 **36** 班小学一期土建工程 ［×××发改审（2019）×××号］

工程监理

投 标 文 件

投 标 人：＿＿＿＿×× 工程咨询有限公司＿＿＿＿（盖章）

委托代理人：＿＿＿＿＿＿＿迟××＿＿＿＿＿＿＿（签字或盖章）

日 期：＿＿＿＿2020 年 12 月 1 日＿＿＿＿

目　　录

一、商务标

　　（1）封面

　　（2）投标函

　　（3）工程施工监理投标报价表

　　（4）法定代表人身份证明

　　（5）投标保证金银行保函

二、资信标

　　（1）封面

　　（2）投标企业情况一览表

　　（3）拟派本项目总监理工程师简历表

　　（4）拟派本项目现场监理机构及主要人员一览表

　　（5）企业类似业绩一览表

　　（6）项目总监理工程师类似业绩一览表

　　（7）相关证书（略）

　　　　① 营业执照

　　　　② 企业资质证书

　　　　③ 总监理工程师注册执业证书

　　　　④ 专业监理工程师的《××省监理工程师证书》

　　　　⑤ 监理员的《××省监理员岗位证书》

三、技术标

　　监理大纲（略）

××地块规划 36 班小学一期土建工程 [×××发改审（2019）×××号]

工程监理投标文件

商　务　标

（采用人月数报价）

投标人：＿＿＿＿＿＿××工程咨询有限公司＿＿＿＿＿＿（盖单位章）

法定代表人或其委托代理人：＿＿＿＿＿迟××＿＿＿＿＿（签字或盖章）

＿2020＿年＿12＿月＿1＿日

投 标 函

致：　　××国家旅游度假区基础设施建设开发中心

　　1. 我方已仔细研究了××地块规划36班小学一期土建工程招标文件的全部内容，并经过对施工现场的踏勘，澄清疑问，已充分理解并掌握了本工程招标的全部有关情况，并充分考虑各项工程监理风险，愿意以人民币（大写）　肆佰壹拾万元（￥4100000）的监理服务费投标报价承担本工程的监理服务任务，并同意接受招标文件的全部内容和条件，以本投标书向你方指定发包的全部内容进行投标。

　　2. 本工程严格按照文明标化工地要求进行目标管理，若没有达到文明标化工地目标管理标准的，接受××市建设行政主管部门的处罚。

　　3. 我方拟派　迟××　为本工程的总监理工程师，其余主要人员按我方在本工程资格审查时提供的现场监理机构人员一览表或按照招标文件要求的人员配置到位。

　　4. 我方承诺在投标有效期内不修改、撤销投标文件。

　　5. 随同本投标函提交投标保证金（银行转账或银行保函或保险凭证一份），金额为人民币（大写）　肆万壹仟　元（￥　41000　）。

　　6. 如我方中标：

　　（1）我方承诺在收到中标通知书后，在中标通知书规定的期限内与你方签订合同。

　　（2）我方承诺按照招标文件规定向你方递交履约担保。

　　（3）我方承诺在合同约定的期限内完成并移交全部合同工程。

　　7. ＿＿＿＿＿＿＿＿＿＿＿＿／＿＿＿＿＿＿＿＿＿＿＿（其他补充说明）。

投标单位（公章）：
法定代表人或其委托代理人（签字或盖章）：迟××

2020 年 12 月 1 日

工程施工监理投标报价表

工程名称：××地块规划 36 班小学一期土建工程

项目名称	金额（人民币）	备注
监理费投标报价（小写）	410.00 万元	施工监理服务收费基准价和监理收费投标报价以万元为单位（保留小数点两位）
监理费投标报价（大写）	肆佰壹拾万元	

投标单位（公章）：××

法定代表人或其委托代理人（签字或盖章）：迟××

2020 年 12 月 1 日

法定代表人身份证明

投标人名称：＿＿＿＿＿＿＿＿＿××工程咨询有限公司＿＿＿＿＿＿＿＿＿

单位性质：＿＿＿＿＿＿＿＿集体＿＿＿＿＿＿＿＿＿＿＿＿＿＿＿＿＿

地址：＿＿＿＿＿＿××市×××路×××号＿＿＿＿＿＿＿＿＿＿＿＿

成立时间：＿＿2008 年 4 月 1 日＿＿＿＿＿＿＿＿＿＿＿＿＿＿＿＿

经营期限：＿＿2008 年 4 月 1 日至 2058 年 3 月 31 日＿＿＿＿＿＿＿

姓名：＿＿×××＿＿（法定代表人）性别：＿＿男＿＿年龄：＿＿×××＿＿职

务：＿董事长＿系＿＿＿＿＿＿××工程咨询有限公司＿＿＿＿＿＿＿（投标人名称）的

法定代表人。

　　特此证明。

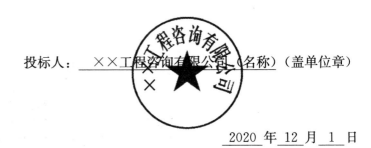

投标人：＿＿××工程咨询有限公司＿（名称）（盖单位章）

2020 年 12 月 1 日

投标保证金银行保函

保函编号：××××

致：＿＿＿＿＿＿××国家旅游度假区基础设施建设开发中心＿＿＿＿＿＿

　　鉴于＿＿＿＿＿＿××工程咨询有限公司＿＿＿＿＿＿（以下简称"投标人"）于 2020 年 12 月 1 日参加＿＿＿＿＿××国家旅游度假区基础设施建设开发中心＿＿＿＿＿（以下简称"招标人"）招标编号为＿＿＿＿＿×××发改审（2019）×××号＿＿＿＿＿的工程的投标。

　　本＿＿＿＿中国×××银行×××支行＿＿＿＿受该投标人委托，在此无条件、不可撤销地承担向招标人支付总金额为人民币＿＿＿41000＿＿元的责任。

　　本责任的条件：

　　1. 投标人在招标文件规定的投标有效期内撤回其投标；

　　2. 投标人无故放弃中标资格；

　　3. 投标人在投标有效期内收到招标人的中标通知书后，不能或拒绝按投标须知的要求签署合同协议书，不能或拒绝按投标须知的规定提交履约保证金。

　　只要招标人指明产生上述任何一种责任的条件，则本银行在接到招标人的第一次书面要求后，即向招标人支付上述款额之内的任何金额，无需招标人提出充分证据证明其要求，只需要招标人在其要求中写明所索的款额。

　　本保函在投标有效期到期后 28 日（含）内或招标人延长投标有效期后的到期日后 28 日（含）内保持有效，延长投标有效期无须通知本银行，但任何索款要求应在投标有效期内送到本银行。

　　银行名称（盖章）：＿＿＿中国×××银行×××支行＿＿＿

　　银行地址：＿＿＿＿＿××市×××路×××号＿＿＿＿＿

　　法定代表人或授权代理人（签字或盖章）：＿＿×××＿＿

　　邮政编码：＿＿×××＿＿，电话：＿＿×××＿＿

日期：＿2020 年 11 月 29 日

××地块规划 36 班小学一期土建工程 ﹝×××发改审（2019）×××号﹞

工程监理投标文件

资　信　标

投标人：　__××工程咨询有限公司__　　（盖单位章）

法定代表人或其委托代理人：　__迟××__　（签字或盖章）

__2020__ 年 __12__ 月 __1__ 日

投标企业情况一览表

投标单位名称	××工程咨询有限公司		
单位地址	××市×××路×××号	电话	×××
企业资质等级	房屋建筑工程监理甲级	证书号	×××
法定代表人	×××	技术负责人	×××
职工人数	总人数：60 人　　　总监理工程师人数：8 人 专业监理工程师人数：16 人　　监理员：30 人　　管理人员：6 人		
授权委托代理人	迟××	电话	×××
驻×分支机构 （如有）	/		
驻×负责人	/	电话	/
企业概况	×××		

拟派本项目总监理工程师简历表

工程名称：××地块规划 36 班小学一期土建工程

姓名	迟××	出生年月	×××
文化程度	大专	技术职称	高级工程师
毕业院校、专业	××学院 建设工程监理	毕业时间	×××
现任职务	/	从事监理工作时间	30 年
资格证书号	×××	岗位证书号	×××

工作简历：

2002 年 1 月—2003 年 2 月，现场监理×××高中部扩建工程，建筑面积 12000m²，一幢教学楼，一幢食堂，四幢宿舍，均按计划竣工，保证学校开学使用。

2003 年 2 月—2004 年 3 月，现场监理××省××市人民医院综合大楼，建筑面积 15000m²，包括急诊科、检验科、无尘药剂科。

2004 年 4 月—12 月，担任专业监理工程师，现场监理××省××市公路局养路费征费大楼，建筑面积 9000m²，其中二楼征费大厅的精装修获得好评。

2005 年 1 月—2006 年 2 月，担任总监理工程师代表，现场监理××职业技术学院一期工程，建筑面积 30000m²，其中包括钢结构、玻璃幕墙、园林景观。经过努力工作，保证了学院正常开学。

2006 年 3 月—2008 年 3 月，担任总监理工程师代表，现场监理××市特殊教育学校三期工程，建筑面积 21000m²，包括一幢残疾人宿舍，一幢残疾人体育馆，残疾人室外运动场。

拟派本项目现场监理机构及主要人员一览表

工程名称：××地块规划 36 班小学一期土建工程

姓名	本工程拟任岗位	年龄	性别	专业	专业年限	职称	安排上岗 起止时间
迟××	总监理工程师	50	男	监理	15	高级工程师	2020.12— 2022.9
×××	专业监理工程师	46	男	监理	12	工程师	2020.12— 2022.9
×××	监理员	30	男	监理	3	工程师	2020.12— 2022.9

注：1. 列入本表人员如要更换，需经业主单位同意。擅自更换或不到位属违约行为。

2. 本表后附项目总监理工程师、专业监理工程师、监理员的相关证书复印件。

企业类似业绩一览表

建设单位	工程名称	结构类型	建设规模及建筑功能（总建筑面积、地下建筑面积、层数、功能等）	开工、竣工日期	合同价格	获奖情况	合同履行情况
×××有限公司	×××有限公司公寓楼	框架	×××	×××	×××	×××	完成
×××有限公司	×××综合楼	框架	×××	×××	×××	×××	完成
×××小学	×××小学	框架	×××	×××	×××	×××	完成
×××小学	×××小学扩建	框架	×××	×××	×××	×××	完成

项目总监理工程师类似业绩一览表

建设单位	工程名称	结构类型	建设规模及建筑功能（总建筑面积、地下建筑面积、层数、功能等）	开工、竣工日期	合同价格	获奖情况	合同履行情况
×××小学	×××小学	框架	×××	×××	×××	×××	×××
×××小学	×××小学扩建	框架	×××	×××	×××	×××	×××

××地块规划 36 班小学一期土建工程〔×××发改审（2019）×××号〕

工程监理投标文件

技　术　标

（采用人月数报价）

投标人：＿＿＿＿＿＿××工程咨询有限公司＿＿＿＿（盖单位章）

法定代表人或其委托代理人：＿＿＿＿迟××＿＿＿＿＿（签字或盖章）

2020 年 12 月 1 日

3.5 工作实施

根据给定项目的项目性质、投资资金类别、项目规模等工程概况，对照《建设工程招标文件示范文本》，参照任务交底中其他项目的投标文件，编制该项目的施工或监理投标文件，其中监理投标文件的格式用表可参照下列空白样表。

样表：

授权委托书（开标时携带）

本人＿＿＿（姓名）系＿＿＿＿（投标人名称）的法定代表人，现委托＿＿＿＿（姓名）为我方代理人。代理人根据授权，以我方名义签署、澄清、说明、补正、递交、撤回、修改＿＿＿＿＿＿＿＿＿（项目名称）监理投标文件、签订合同和处理有关事宜，其法律后果由我方承担。

委托期限：＿＿＿＿＿＿ 。

代理人无转委托权。

投　标　人：＿＿＿＿＿＿＿＿＿＿＿＿＿＿＿（盖单位章）

法定代表人：＿＿＿＿＿＿＿＿＿＿＿＿＿＿＿（签字或盖章）

身份证号码：＿＿＿＿＿＿＿＿＿＿＿＿＿＿＿

委托代理人：＿＿＿＿＿＿＿＿＿＿＿＿＿＿＿（签字或盖章）

身份证号码：＿＿＿＿＿＿＿＿＿＿＿＿＿＿＿

＿＿＿＿年＿＿＿＿月＿＿＿＿日

注：本授权委托书开标时携带，不装入标函袋内。

_____（项目名称）工程监理

投 标 文 件

投　标　人：_____（盖章）

委托代理人：_____（签字或盖章）

日　　　期：_____年　月　日

目　　录

_____（项目名称）工程监理投标文件

商　务　标
（采用人月数报价）

投标人：_____（盖单位章）

法定代表人或其委托代理人：_____（签字或盖章）

_____年_____月_____日

投 标 函

致：_____（招标人）

1. 我方已仔细研究了_____（项目名称）招标文件的全部内容，并经过对施工现场的踏勘，澄清疑问，已充分理解并掌握了本工程招标的全部有关情况，并充分考虑各项工程监理风险，愿意以人民币（大写）_____元（￥_____）的监理服务费投标报价承担本工程的监理服务任务，并同意接受招标文件的全部内容和条件，以本投标书向你方指定发包的全部内容进行投标。

2. 本工程严格按照文明标化工地要求进行目标管理，若没有达到文明标化工地目标管理标准的，接受××市建设行政主管部门的处罚。

3. 我方拟派_____（总监理工程师姓名）为本工程的总监理工程师，其余主要人员按我方在本工程资格审查时提供的现场监理机构人员一览表或按照招标文件要求的人员配置到位。

4. 我方承诺在投标有效期内不修改、撤销投标文件。

5. 随同本投标函提交投标保证金（银行转账或银行保函或保险凭证一份），金额为人民币（大写）_____元（￥_____）。

6. 如我方中标：

（1）我方承诺在收到中标通知书后，在中标通知书规定的期限内与你方签订合同。

（2）我方承诺按照招标文件规定向你方递交履约担保。

（3）我方承诺在合同约定的期限内完成并移交全部合同工程。

7. _____（其他补充说明）。

投标单位（公章）：　　　　　　法定代表人或其委托代理人（签字或盖章）：

　　　　　　　　　　　　　　　　　　　　　　　　　　年　　　月　　　日

工程施工监理投标报价表

工程名称：

项目名称	金 额（人民币）	备注
监理费投标报价（小写）	元	
监理费投标报价（大写）	元	
投标单位（公章）： 法定代表人或其委托代理人（签字或盖章）： 年　　月　　日		

法定代表人身份证明

投标人名称：＿＿＿＿＿＿＿＿＿＿＿＿＿＿＿＿

单位性质：＿＿＿＿＿＿＿＿＿＿＿＿＿＿＿＿

地　　址：＿＿＿＿＿＿＿＿＿＿＿＿＿＿＿＿

成立时间：＿＿＿＿＿年＿＿＿月＿＿＿日

经营期限：＿＿＿＿＿＿＿＿＿＿＿＿＿＿＿

姓　　名：＿＿＿＿＿（法定代表人）性别：＿＿＿年龄：＿＿＿职务：＿＿＿＿＿系＿＿＿＿

＿＿＿＿＿＿＿＿＿＿＿＿（投标人名称）的法定代表人。

特此证明。

投标人：＿＿＿＿＿＿＿＿（名称）（盖单位章）

＿＿＿＿＿年＿＿月＿＿日

投标保证金银行保函

保函编号：_____

致：_____

鉴于_____（以下简称"投标人"）于____年__月__日参加_____（以下简称"招标人"）招标编号为_____的工程的投标。

本_____受该投标人委托，在此无条件、不可撤销地承担向招标人支付总金额为人民币_____元的责任。

本责任的条件：

1. 投标人在招标文件规定的投标有效期内撤回其投标；

2. 投标人无故放弃中标资格；

3. 投标人在投标有效期内收到招标人的中标通知书后，不能或拒绝按投标须知的要求签署合同协议书，不能或拒绝按投标须知的规定提交履约保证金。

只要招标人指明产生上述任何一种责任的条件，则本银行在接到招标人的第一次书面要求后，即向招标人支付上述款额之内的任何金额，无需招标人提出充分证据证明其要求，只需要招标人在其要求中写明所索的款额。

本保函在投标有效期到期后 28 日（含）内或招标人延长投标有效期后的到期日后 28 日（含）内保持有效，延长投标有效期无须通知本银行，但任何索款要求应在投标有效期内送到本银行。

银行名称（盖章）：_____

银行地址：_____

法定代表人或授权代理人（签字或盖章）：_____

邮政编码：_____ ，电话：_____

日期：_____年_____月_____日

_____（项目名称）工程监理投标文件

资　信　标

投标人：_____（盖单位章）

法定代表人或其委托代理人：_____（签字或盖章）

_____年_____月_____日

投标企业情况一览表

投标单位名称				
单位地址			电话	
企业资质等级			证书号	
法定代表人			技术负责人	
职工人数	总人数： 专业监理工程师人数：		总监理工程师人数： 监理员：　　　管理人员：	
授权委托代理人			电话	
驻×分支机构 （如有）				
驻×负责人			电话	
企业概况				

拟派本项目总监理工程师简历表

工程名称：

姓名		出生年月	
文化程度		技术职称	
毕业院校、专业		毕业时间	
现任职务		从事监理工作时间	
资格证书号		岗位证书号	
工作简历：			

拟派本项目现场监理机构及主要人员一览表

工程名称：

姓名	本工程拟任岗位	年龄	性别	专业	专业年限	职称	安排上岗起止时间

注：1. 列入本表人员如要更换，需经业主单位同意。擅自更换或不到位属违约行为。

2. 本表后附项目总监理工程师、专业监理工程师、监理员的相关证书复印件。

企业类似业绩一览表

建设单位	工程名称	结构类型	建设规模及建筑功能（总建筑面积、地下建筑面积、层数、功能等）	开工、竣工日期	合同价格	获奖情况	合同履行情况

项目总监理工程师类似业绩一览表

建设单位	工程名称	结构类型	建设规模及建筑功能（总建筑面积、地下建筑面积、层数、功能等）	开工、竣工日期	合同价格	获奖情况	合同履行情况

_____（项目名称）工程监理投标文件

技　术　标

（采用人月数报价）

投标人：_____（盖单位章）

法定代表人或其委托代理人：_____（签字或盖章）

_____年_____月_____日

3.6 评价反馈

相关表格详见表 0-4～表 0-7。

学习情境 4 组织开标、评标、决标和签订合同

4.1 学习情境描述

按照招标文件指定时间进行开标、唱标、评标和开标结果确认，发送中标通知书，进行合同洽商及签订合同。

4.2 学习目标

会组织开标、评标、决标和签订合同。

4.3 任务书

根据给定的工程项目，组织该项目的开标、评标、决标和签订合同，填写收标记录表和开标记录表。

4.4 工作准备

1. 知识准备

开标、评标、中标、合同签订是怎样组织的？

_____

_____

_____

_____

码4-1 组织开标、评标、决标和签订合同的学习情境描述

由招标人或其委托的招标代理机构熟悉相关业务的代表，以及有关技术、经济等方面的专家组成评标委员会，成员人数为 5 人及以上单数，其中技术、经济等方面的专家不得少于成员总数的三分之二。在招标管理机构监督下，依据评标原则、评标方法，对投标人的技术标和商务标进行综合评价，确定中标候选单位，并排定优先次序。

采用资格后审的，招标人待开标后先对投标人的资格进行审查，经资格审查合格的，方准其进入评标。经资格后审不合格的投标人的投标应作废标处理。

中标候选单位确定后，招标人可对其进行必要的询标，然后根据情况最终确定中标单位。但在确定中标人之前，招标人不得与投标人就投标价格、投标方案等实质性内容进行谈判。同时，依法必须招标的项目，招标人应当确定排名第一的中标候选人为中标人。排名第一的中标候选人放弃中标、因不可抗力提出不能履行合同，或者招标文件规定应当提交履约保证金而在规定的期限内未能提交的，招标人可以确定排名第二的中标候选人为中标人。

中标人确定后，招标人应当向中标人发出中标通知书，同时通知未中标人。中标通知书对招标人和中标人具有法律约束力。中标通知书发出后，招标人改变中标结果或者中标人放弃中标的，应当承担法律责任。

中标通知书发出之日起 30 个工作日之内，招标人应当与中标人按照招标文件和中标人投标文件订立书面合同。招标人与中标人签订合同后 5 个工作日内，应当向中标人和未中标的投标人退还投标保证金。

若招标文件规定必须缴纳履约保证金的，中标单位应及时缴纳。未按招标文件及时缴纳履约保证金和签订合同的，将被没收投标保证金，并承担违约的法律责任。

什么是中标通知书？它的内容有哪些？

中标通知书指招标人在确定中标人后，向中标人发出通知，通知其中标的书面凭证。中标通知书的内容应当简明扼要，只要告知招标项目已经由其中标，并确定签订合同的时间、地点即可。

哪些行为会导致中标无效？

（1）招标人导致的中标无效

1）依法招标的项目，招标人向他人透露已获取招标文件的潜在投标人信息，或泄露标底且行为影响中标结果的；

2）依法必须进行招标的项目，招标人违反《中华人民共和国招标投标法》规定，与投标人就投标价格、投标方案等实质性内容进行谈判的，且前述行为影响中标结果的；

3）招标人在评标委员会依法推荐的中标候选人以外确定中标人的；

4）依法必须进行招标的项目在所有投标被评标委员会否决后自行确定中标人的；

5）招标人超过规定的比例收取投标保证金、履约保证金；

6）不按照规定退还投标保证金及银行同期存款利息的；

7）招标人无正当理由不发出中标通知书；

8）招标人发出中标通知书后无正当理由改变中标结果；

9）招标人不按照规定确定中标人；

10）招标人在订立合同时向中标人提出附加条件；

11）招标人不按招标文件和中标人的投标文件订立合同的；

12）招标人与中标人订立背离合同实质性内容的协议书；

13）其他违法行为。

（2）投标人导致的中标无效

1）相互串通投标；

2）与招标人串通投标；

3）向招标人或评标委员会成员行贿谋取中标的；

4）以他人名义投标或以其他弄虚作假方式骗取中标的；

5）其他违法行为。

码4-2 组织开标、评标、决标和签订合同的任务交底

2. 任务交底

根据给定的工程项目，组织该项目的开标、评标、决标和签订合同，填写收标记录表和开标记录表。收标记录表如表4-1所示，开标记录表如表4-2所示。

××地块规划36班小学一期土建工程收标记录表　　　　表 4-1

序号	投标人	接收投标文件时间	送标人（签字）	投标文件密封情况	投标文件封面标识情况	投标文件份数	收标人（签字）
1	×××	2020年10月27日8时25分	×××	完好	完好	5	×××
2	×××	2020年10月27日8时26分	×××	完好	完好	5	×××
3	×××	2020年10月27日8时27分	×××	完好	完好	5	×××
4	×××	2020年10月27日8时28分	×××	完好	完好	5	×××
5	×××	2020年10月27日8时29分	×××	完好	完好	5	×××

××地块规划36班小学一期土建工程开标记录表　　　　表 4-2

招标人	××国家旅游度假区基础设施建设开发中心		工程名称		××地块规划建造36班小学一期土建工程	
招标控制价	17401万元		最高投标限价下浮系数（％）		91.39	
序号	投标人	企业性质	项目负责人	投标担保是否提交	标书封装及份数是否符合	投标下浮系数（％）	备注
1	×××	建筑公用工程施工总承包二级	王××	是	是	91.39	
2	×××	建筑公用工程施工总承包二级	李××	是	是	91.20	
3	×××	建筑公用工程施工总承包一级	张××	是	是	90.25	
4	×××	建筑公用工程施工总承包一级	李××	是	是	90.56	
5	×××	建筑公用工程施工总承包一级	赵××	是	是	91.26	

4.5 工作实施

根据给定项目的项目性质、投资资金类别、项目规模等概况，对照招标文件要求，参照任务交底中收标记录表和开标记录表，填写该项目的收标记录表（表4-3）和开标记录表（表4-4）。

收标记录表 表 4-3

序号	投标人	接收投标文件时间	送标人（签字）	投标文件密封情况	投标文件封面标识情况	投标文件份数	收标人（签字）

开标记录表 表 4-4

招标人				工程名称			
招标控制价				最高投标限价下浮系数（％）			
序号	投标人	企业性质	项目负责人	投标担保是否提交	标书封装及份数是否符合	投标下浮系数（％）	备注

4.6 评价反馈

相关表格详见表 0-4～表 0-7。

学习领域 2   建设工程合同管理

学习情境 5   合同类型区分

5.1   学习情境描述

××国家旅游度假区基础设施建设开发中心开发建设的××地块规划建造 36 班小学一期土建工程中有勘察、设计、施工、监理、电梯和钢构件等工程任务。建设单位对上述工程任务进行了讨论，明确了合适的合同类型，用来指导后期合同的订立工作。

5.2   学习目标

能根据《中华人民共和国民法典》中合同编的合同分类，区分合适的合同类型。

码5-1 合同类型
区分的学习
情境描述

5.3 任务书

根据给定的工程项目建设概况、施工图纸，区分合适的合同类型。

5.4   工作准备

1. 知识准备

什么是合同？合同订立的当事人条件是什么？

_____

_____

_____

合同是民事主体之间设立、变更、终止民事法律关系的协议。婚姻、收养、监护等有关身份关系的协议，适用有关该身份关系的法律规定。

当事人订立合同，应当具有相应的民事权利能力和民事行为能力。当事人依法可以委托代理人订立合同。

合同的形式有哪些？

_____

_____

_____

当事人订立合同，可以采用书面形式、口头形式或者其他形式。书面形式是合同书、信件、电报、电传、传真等可以有形地表现所载内容的形式。以电子数据交换、电子邮件等方式能够有形地表现所载内容，并可以随时调取查用的数据电文，视为书面形式。

合同的内容有哪些？

合同的内容由当事人约定，当事人可以参照各类合同的示范文本订立合同。一般包括以下条款：（1）当事人的名称或者姓名和住所；（2）标的；（3）数量；（4）质量；（5）价款或者报酬；（6）履行期限、地点和方式；（7）违约责任；（8）解决争议的方法。

典型合同有哪些？

典型合同包括：（1）买卖合同；（2）供用电、水、气、热力合同；（3）赠予合同；（4）借款合同；（5）保证合同；（6）租赁合同；（7）融资租赁合同；（8）保理合同；（9）承揽合同；（10）建设工程合同；（11）运输合同；（12）技术合同；（13）保管合同；（14）仓储合同；（15）委托合同；（16）物业服务合同；（17）行纪合同；（18）中介合同；（19）合伙合同。

建设工程合同有哪些？各个合同的内容是什么？建设工程合同有什么规定？

建设工程合同是承包人进行工程建设，发包人支付价款的合同。建设工程合同包括工程勘察、设计、施工合同。建设工程合同应当采用书面形式。

勘察、设计合同的内容一般包括提交有关基础资料和概预算等文件的期限、质量要求、费用以及其他协作条件等条款。

施工合同的内容一般包括工程范围、建设工期、中间交工工程的开工和竣工时间、工程质量、工程造价、技术资料交付时间、材料和设备供应责任、拨款和结算、竣工验收、质量保修范围和质量保证期、相互协作等条款。

发包人可以与总承包人订立建设工程合同，也可以分别与勘察人、设计人、施工人订立勘察、设计、施工承包合同。发包人不得将应当由一个承包人完成的建设工程肢解成若干部分发包给数个承包人。总承包人或者勘察、设计、施工承包人经发包人同意，可以将自己承包的部分工作交由第三人完成。第三人就其完成的工作成果与总承包人或者勘察、设计、施工承包人向发包人承担连带责任。承包人不得将其承包的全部建设工程转包给第三人或者将其承包的全部建设工程肢解以后以分包的名义分别转包给第三人。禁止承包人将工程分包给不具备相应资质条件的单位。禁止分包单位将其承包的工程再分包。建设工程主体结构的施工必须由承包人自行完成。

国家重大建设工程合同，应当按照国家规定的程序和国家批准的投资计划、可行性研究报告等文件订立。

建设工程施工合同无效，但是建设工程经验收合格的，可以参照合同关于工程价款的约定折价补偿承包人。建设工程施工合同无效，且建设工程经验收不合格的，按照以下情形处理：（1）修复后的建设工程经验收合格的，发包人可以请求承包人承担修复费用；（2）修复后的建设工程经验收不合格的，承包人无权请求参照合同关于工程价款的约定折价补偿。发包人对因建设工程不合格造成的损失有过错的，应当承担相应的责任。

发包人在不妨碍承包人正常作业的情况下，可以随时对作业进度、质量进行检查。

隐蔽工程在隐蔽以前，承包人应当通知发包人检查。发包人没有及时检查的，承包人可以顺延工程日期，并有权请求赔偿停工、窝工等损失。

建设工程竣工后，发包人应当根据施工图纸及说明书、国家颁发的施工验收规范和质量检验标准及时进行验收。验收合格的，发包人应当按照约定支付价款，并接收该建设工程。建设工程竣工经验收合格后，方可交付使用；未经验收或者验收不合格的，不得交付使用。

勘察、设计的质量不符合要求或者未按照期限提交勘察、设计文件拖延工期，造成发包人损失的，勘察人、设计人应当继续完善勘察、设计，减收或者免收勘察、设计费并赔偿损失。

因施工人的原因致使建设工程质量不符合约定的，发包人有权请求施工人在合理期限内无偿修理或者返工、改建。经过修理或者返工、改建后，造成逾期交付的，施工人应当承担违约责任。

因承包人的原因致使建设工程在合理使用期限内造成人身损害和财产损失的，承包人应当承担赔偿责任。

发包人未按照约定的时间和要求提供原材料、设备、场地、资金、技术资料的，承包人可以顺延工程日期，并有权请求赔偿停工、窝工等损失。

因发包人的原因致使工程中途停建、缓建的，发包人应当采取措施弥补或者减少损失，赔偿承包人因此造成的停工、窝工、倒运、机械设备调迁、材料和构件积压等损失和实际费用。

因发包人变更计划，提供的资料不准确，或者未按照期限提供必需的勘察、设计工作条件而造成勘察、设计的返工、停工或者修改设计，发包人应当按照勘察人、设计人实际消耗的工作量增付费用。

承包人将建设工程转包、违法分包的，发包人可以解除合同。发包人提供的主要建筑材料、建筑构配件和设备不符合强制性标准或者不履行协助义务，致使承包人无法施工，经催告后在合理期限内仍未履行相应义务的，承包人可以解除合同。合同解除后，已经完成的建设工程质量合格的，发包人应当按照约定支付相应的工程价款。

发包人未按照约定支付价款的，承包人可以催告发包人在合理期限内支付价款。发包人逾期不支付的，除根据建设工程的性质不宜折价、拍卖外，承包人可以与发包人协议将该工程折价，也可以请求人民法院将该工程依法拍卖。建设工程的价款就该工程折价或者拍卖的价款优先受偿。

 引导问题 6

委托合同有什么规定？

_____

_____

_____

_____

 小提示

委托合同是委托人和受托人约定，由受托人处理委托人事务的合同。

委托人可以特别委托受托人处理一项或者数项事务，也可以概括委托受托人处理一切事务。委托人应当预付处理委托事务的费用。受托人为处理委托事务垫付的必要费用，委托人应当偿还该费用及其利息。

受托人应当按照委托人的指示处理委托事务。需要变更委托人指示的，应当经委托人同意；因情况紧急，难以和委托人取得联系的，受托人应当妥善处理委托事务，但是事后应当将该情况及时报告委托人。

受托人应当亲自处理委托事务。经委托人同意，受托人可以转委托。转委托经同意或者追认的，委托人可以就委托事务直接指示转委托的第三人，受托人仅就第三人的选任及其对第三人的指示承担责任。转委托未经同意或者追认的，受托人应当对转委托的第三人的行为承担责任；但是，在紧急情况下受托人为了维护委托人的利益需要转委托第三人的除外。

受托人应当按照委托人的要求，报告委托事务的处理情况。委托合同终止时，受托人应当报告委托事务的结果。

受托人以自己的名义，在委托人的授权范围内与第三人订立的合同，第三人在订立合同时知道受托人与委托人之间的代理关系的，该合同直接约束委托人和第三人；但是，有确切证据证明该合同只约束受托人和第三人的除外。

受托人以自己的名义与第三人订立合同时，第三人不知道受托人与委托人之间的代理关系的，受托人因第三人的原因对委托人不履行义务，受托人应当向委托人披露第三人，委托人因此可以行使受托人对第三人的权利，但第三人与受托人订立合同时如果知道该委托人就不会订立合同的除外。

受托人因委托人的原因对第三人不履行义务，受托人应当向第三人披露委托人，第三人因此可以选择受托人或者委托人作为相对人主张其权利，但第三人不得变更选定的相对人。

委托人行使受托人对第三人的权利的，第三人可以向委托人主张其对受托人的抗辩。第三人选定委托人作为其相对人的，委托人可以向第三人主张其对受托人的抗辩以及受托人对第三人的抗辩。

受托人处理委托事务取得的财产，应当转交给委托人。

受托人完成委托事务的，委托人应当按照约定向其支付报酬。因不可归责于受托人的事由，委托合同解除或者委托事务不能完成的，委托人应当向受托人支付相应的报酬。当事人另有约定的，按照其约定。

有偿的委托合同，因受托人的过错造成委托人损失的，委托人可以请求赔偿损失。无偿的委托合同，因受托人的故意或者重大过失造成委托人损失的，委托人可以请求赔偿损失。受托人超越权限造成委托人损失的，应当赔偿损失。

受托人处理委托事务时，因不可归责于自己的事由受到损失的，可以向委托人请求赔偿损失。

委托人经受托人同意，可以在受托人之外委托第三人处理委托事务。因此造成受托人损失的，受托人可以向委托人请求赔偿损失。

两个以上的受托人共同处理委托事务的，对委托人承担连带责任。

委托人或者受托人可以随时解除委托合同。因解除合同造成对方损失的，除不可归责于该当事人的事由外，无偿委托合同的解除方应当赔偿因解除时间不当造成的直接损失，有偿委托合同的解除方应当赔偿对方的直接损失和合同履行后可以获得的利益。

因委托人死亡或者被宣告破产、解散，致使委托合同终止将损害委托人利益的，在委托人的继承人、遗产管理人或者清算人承受委托事务之前，受托人应当继续处理委托事务。

因受托人死亡、丧失民事行为能力或者被宣告破产、解散，致使委托合同终止的，受托人的继承人、遗产管理人、法定代理人或者清算人应当及时通知委托人。因委托合同终止将损害委托人利益的，在委托人作出善后处理之前，受托人的继承人、遗产管理人、法定代理人或者清算人应当采取必要措施。

 引导问题 7

承揽合同有什么规定？

 小提示

承揽合同是承揽人按照定作人的要求完成工作，交付工作成果，定作人支付报酬的合同。承揽包括加工、定作、修理、复制、测试、检验等工作。

承揽合同的内容一般包括承揽的标的、数量、质量、报酬，承揽方式，材料的提供，履行期限，验收标准和方法等条款。

承揽人应当以自己的设备、技术和劳力，完成主要工作，但是当事人另有约定的除外。承揽人将其承揽的主要工作交由第三人完成的，应当就该第三人完成的工作成果向定作人负责；未经定作人同意的，定作人也可以解除合同。

承揽人可以将其承揽的辅助工作交由第三人完成。承揽人将其承揽的辅助工作交由第三人完成的，应当就该第三人完成的工作成果向定作人负责。

承揽人提供材料的，应当按照约定选用材料，并接受定作人检验。

定作人提供材料的，应当按照约定提供材料。承揽人对定作人提供的材料应当及时检验，发现不符合约定时，应当及时通知定作人更换、补齐或者采取其他补救措施。承揽人不得擅自更换定作人提供的材料，不得更换不需要修理的零部件。

承揽人发现定作人提供的图纸或者技术要求不合理的，应当及时通知定作人。因定作人怠于答复等原因造成承揽人损失的，应当赔偿损失。

定作人中途变更承揽工作的要求，造成承揽人损失的，应当赔偿损失。

承揽工作需要定作人协助的，定作人有协助的义务。定作人不履行协助义务致使承揽工作不能完成的，承揽人可以催告定作人在合理期限内履行义务，并可以顺延履行期限；定作人逾期不履行的，承揽人可以解除合同。

承揽人在工作期间，应当接受定作人必要的监督检验。定作人不得因监督检验妨碍承揽人的正常工作。

承揽人完成工作的，应当向定作人交付工作成果，并提交必要的技术资料和有关质量证明。定作人应当验收该工作成果。

承揽人交付的工作成果不符合质量要求的，定作人可以合理选择请求承揽人承担修理、重作、减少报酬、赔偿损失等违约责任。

定作人应当按照约定的期限支付报酬。对支付报酬的期限没有约定或者约定不明确，定作人应当在承揽人交付工作成果时支付；工作成果部分交付的，定作人应当相应支付。

定作人未向承揽人支付报酬或者材料费等价款的，承揽人对完成的工作成果享有留置权，但当事人另有约定的除外。

承揽人应当妥善保管定作人提供的材料以及完成的工作成果，因保管不善造成毁损、灭失的，应当承担损害赔偿责任。

承揽人应当按照定作人的要求保守秘密，未经定作人许可，不得留存复制品或者技术资料。

共同承揽人对定作人承担连带责任，但当事人另有约定的除外。

定作人在承揽人完成工作前可以随时解除合同，造成承揽人损失的，应当赔偿损失。

2. 任务交底

根据《中华人民共和国民法典》中合同编的合同分类，区分给定项目的合同类型，填写合同类型汇总表。

本案例中，××国家旅游度假区基础设施建设开发中心分别与勘察单位、设计单位、施工单位、监理单位、电梯供货单位和钢构件供货单位等签订了相应的合同。该项目的合同类型汇总表如表5-1所示。

码5-2 合同类型
区分的任务交底

××地块规划36班小学一期土建工程项目合同类型汇总表   表5-1

序号	合同标的	合同类型
1	勘察	建设工程合同
2	设计	建设工程合同
3	施工	建设工程合同
4	监理	委托合同
5	电梯	承揽合同
6	钢构件	承揽合同

5.5 工作实施

结合指定项目的项目概况，模仿案例，根据《中华人民共和国民法典》中合同编的合同分类，区分合适的合同类型，填写相应的合同类型汇总表，如表5-2所示。

合同类型汇总表   表5-2

序号	合同标的	合同类型

5.6 评价反馈

相关表格详见表0-4～表0-7。

学习情境 6　建设合同订立

6.1　学习情境描述

随着项目进展，××地块规划 36 班小学一期土建工程项目的建设单位××国家旅游度假区基础设施建设开发中心陆续与勘察单位、设计单位、施工单位、监理单位、电梯供货单位和钢构件供货单位等进行洽商，依据相应的合同示范文本订立了相应的合同。

6.2　学习目标

会根据合同示范文本订立建设合同。

6.3　任务书

根据给定的工程项目建设概况、施工图纸和合同示范文本，利用合同洽商记录表订立相应的合同。

码6-1 建设合同
订立的学习
情境描述

6.4　工作准备

1. 知识准备

合同订立的原则和方式是什么？

_____

_____

_____

_____

合同订立的原则：

（1）合同当事人的法律地位平等，一方不得将自己的意志强加给另一方。

（2）当事人依法享有自愿订立合同的权利，任何单位和个人不得非法干预。

（3）当事人应当遵循公平原则确定各方的权利和义务。

（4）当事人行使权利、履行义务应当遵循诚实信用原则。

（5）当事人订立、履行合同，应当遵守法律、行政法规，尊重社会公德。不得扰乱社会经济秩序，损害社会公共利益。

（6）依法成立的合同，对当事人具有法律约束力。当事人应当按照约定履行自己的义务，不得擅自变更或者解除合同。

合同订立的方式：

当事人订立合同，采取要约和承诺方式。

要约是希望和他人订立合同的意思表示，该意思表示应当符合下列规定：

（1）内容具体确定；

（2）表明经受要约人承诺，要约人即受该意思表示约束。

承诺是受要约人同意要约的意思表示。承诺应当以通知的方式作出，但根据交易习惯或者要约表明可以通过行为作出承诺的除外。

合同成立的条件是什么？

_____

_____

_____

合同成立的条件：

承诺生效时合同成立。

承诺通知到达要约人时生效。承诺不需要通知的，根据交易习惯或者要约的要求作出承诺的行为时生效。

当事人采用合同书形式订立合同的，自双方当事人签字或者盖章时合同成立。承诺生效的地点为合同成立的地点。当事人采用合同书形式订立合同的，双方当事人签字或者盖章的地点为合同成立的地点。

关于合同的效力有什么规定？

_____

_____

_____

（1）合同生效

1）依法成立的合同，自成立时生效。

2）法律、行政法规规定应当办理批准、登记等手续生效的，依照其规定。

3）当事人可以对合同的效力约定附条件。附生效条件的合同，自条件成就时生效。附解除条件的合同，自条件成就时失效。

4）当事人可以对合同的效力约定附期限。附生效期限的合同，自期限届至时生效。附终止期限的合同，自期限届满时失效。

（2）有下列情形之一的合同无效：

1）一方以欺诈、胁迫的手段订立合同，损害国家利益；

2）恶意串通，损害国家、集体或者第三人利益；

3）以合法形式掩盖非法目的；

4）损害社会公共利益；

5）违反法律、行政法规的强制性规定。

（3）合同中的下列免责条款无效：

1）造成对方人身伤害的；

2）因故意或者重大过失造成对方财产损失的。

（4）下列合同，当事人一方有权请求人民法院或者仲裁机构变更或者撤销：

1）因重大误解订立的；

2）在订立合同时显失公平的。一方以欺诈、胁迫的手段或者乘人之危，使对方在违背真实意思的情况下订立的合同，受损害方有权请求人民法院或者仲裁机构变更或者撤销。

当事人请求变更的，人民法院或者仲裁机构不得撤销。

无效的合同或者被撤销的合同自始没有法律约束力。合同部分无效，不影响其他部分效力的，其他部分仍然有效。

 引导问题 4

订立施工合同应具备的条件是什么？

 小提示

订立施工合同应具备的条件

（1）初步设计已经批准；

（2）有能满足施工需要的设计文件和有关技术资料；

（3）建设资金和建筑材料、设备来源已经落实；

（4）中标通知书已经下达；

（5）国家重点建设工程项目必须有国家批准的投资计划、可行性研究报告等文件；

（6）合同当事人双方必须具备相应资质条件和履行施工合同的能力，即合同主体必须是法人。

 引导问题 5

合同文件有哪些内容构成？合同文件的解释次序是怎样的？

_____

_____

_____

 小提示

构成合同的文件包括合同协议书、中标通知书（如果有）、投标函及其附录（如果有）、专用合同条款及其附件、通用合同条款、技术标准和要求、图纸、已标价工程量清单或预算书以及其他合同文件。

为了指导建设工程施工合同当事人的签约行为，维护合同当事人的合法权益，依据《中华人民共和国民法典》《中华人民共和国建筑法》《中华人民共和国招标投标法》以及相关法律法规，住房和城乡建设部、国家工商行政管理总局联合编制了《建设工程施工合同（示范文本）》（GF—2013—0201），后期又进行了修订，制定了《建设工程施工合同（示范文本）》（GF—2017—0201）［以下简称《建设工程施工合同（示范文本）》］。《建设工程施工合同（示范文本）》为非强制性使用文本。合同当事人可结合建设工程具体情况，根据《建设工程施工合同（示范文本）》订立合同，并按照法律法规规定和合同约定承担相应的法律责任及合同权利义务。

组成合同的各文件中出现含义或内容的矛盾时，如果专用合同条款没有另行约定，以上合同文件序号为优先解释的顺序。标准施工合同条款中未明确由谁来解释文件之间的歧义，但可以结合监理工程师职责中的规定，总监理工程师应与发包人和承包人进行协商，尽量达成一致。不能达成一致时，总监理工程师应认真研究后审慎确定。

 引导问题 6

订立合同时需要明确哪些内容？

_____

_____

_____

 小提示

针对具体施工项目或标段的合同需要明确约定的内容较多，有些已在招标文件的专用合同条款中作出了规定，另有一些还需要在签订合同时具体细化相应内容。

（1）施工现场范围和施工临时占地

发包人应明确说明施工现场永久工程的占地范围并提供征地图纸，以及属于发包人施工前期配合义务的有关事项，如从现场外部接至现场的施工用水、用电、用气的位置等，以便承包人进行合理的施工组织。

项目施工如果需要临时用地（招标文件中已说明或承包人投标书内提出要求），也需明确占地范围和临时用地移交承包人的时间。

（2）发包人提供图纸的期限和数量

标准施工合同适用于发包人提供设计图纸，承包人负责施工的建设项目。由于初步设计完成后即可进行招标，因此订立合同时必须明确约定发包人陆续提供施工图纸的期限和数量。

如果承包人有专利技术且有相应的设计资质，可以约定由承包人完成部分施工图设计。此时也应明确承包人的设计范围，提交设计文件的期限、数量，以及监理人签发图纸修改的期限等。

（3）发包人提供的材料和工程设备

对于包工部分包料的施工承包方式，往往设备和主要建筑材料由发包人负责提供，需明确约定发包人提供的材料和设备分批交货的种类、规格、数量、交货期限和地点等，以便明确合同责任。

（4）异常恶劣的气候条件范围

施工过程中遇到不利于施工的气候条件直接影响施工效率，甚至被迫停工。气候条件对施工的影响是合同管理中一个比较复杂的问题，"异常恶劣的气候条件"属于发包人的责任，"不利气候条件"对施工的影响则属于承包人应承担的风险，因此应当根据项目所在地的气候特点，在专用合同条款中明确界定不利于施工的气候条件和异常恶劣的气候条件之间的界限。如多少毫米以上的降水、多少级以上的大风、多少摄氏度以上（下）的超高温或超低温天气等，以明确合同双方对气候变化影响施工的风险责任。

（5）物价浮动的合同价格调整

1）基准日期

通用合同条款规定的基准日期是指投标截止日前第 28 天。规定基准日期的作用是划分该日后由于政策法规的变化或市场物价浮动对合同价格影响的责任。承包人投标阶段在基准日期后不再进行此方面的调研，进入编制投标文件阶段，因此通用合同条款在两个方面作出了规定：

① 承包人以基准日期前的市场价格编制工程报价，长期合同中调价公式中的可调因素价格指数来源于基准日期的价格；

② 基准日期后，因法律法规、规范标准等的变化，导致承包人在合同履行中所需要的工程成本发生约定以外的增减时，相应调整合同价款。

2）调价条款

合同履行期间市场价格浮动对施工成本造成的影响是否允许调整合同价格，要视合同工期的长短来决定。

① 简明施工合同的规定。适用于工期在 12 个月以内的简明施工合同的通用合同条款没有调价条款，承包人在投标报价中合理考虑市场价格变化对施工成本的影响，合同履行期间不考虑市场价格变化调整合同价款。

② 标准施工合同的规定。工期 12 个月以上的施工合同，由于承包人在投标阶段不可能合理预测 1 年以后的市场价格变化，因此应设有调价条款，由发包人和承包人共同分担市场价格变化的风险。标准施工合同通用合同条款规定用公式法调价，但调整价格的方法

仅适用于工程量清单中按单价支付部分的工程款，总价支付部分不考虑物价浮动对合同价格的调整。

 引导问题 7

《建设工程施工合同（示范文本）》的适用范围是什么？它的组成内容有哪些？

_____

_____

_____

 小提示

《建设工程施工合同（示范文本）》适用于房屋建筑工程、土木工程、线路管道和设备安装工程、装修工程等建设工程的施工承发包活动。《建设工程施工合同（示范文本）》由合同协议书、通用合同条款和专用合同条款 3 部分组成。

（1）合同协议书

合同协议书是指构成合同的由发包人和承包人共同签署的称为"合同协议书"的书面文件。合同协议书共计 13 条，主要包括工程概况、合同工期、质量标准、签约合同价和合同价格形式、项目经理、合同文件构成、承诺以及合同生效条件等重要内容，集中约定了合同当事人基本的合同权利义务。

（2）通用合同条款

通用合同条款是合同当事人根据《中华人民共和国建筑法》《中华人民共和国民法典》等法律法规的规定，就工程建设的实施及相关事项，对合同当事人的权利义务作出的原则性约定。通用合同条款共计 20 条，具体条款分别为一般约定、发包人、承包人、监理人、工程质量、安全文明施工与环境保护、工期和进度、材料与设备、试验与检验、变更、价格调整、合同价格、计量与支付、验收和工程试车、竣工结算、缺陷责任与保修、违约、不可抗力、保险、索赔和争议解决。条款安排既考虑了现行法律法规对工程建设的有关要求，也考虑了建设工程施工管理的特殊需要。

（3）专用合同条款

专用合同条款是对通用合同条款原则性约定的细化、完善、补充、修改或另行约定的条款。合同当事人可以根据不同建设工程的特点及具体情况，通过双方的协商对相应的专用合同条款进行细化、完善、补充、修改。在使用专用合同条款时，应注意以下事项：①专用合同条款的编号应与相应的通用合同条款的编号一致；②合同当事人可以通过对专用合同条款的修改，满足具体建设工程的特殊要求，避免直接修改通用合同条款；③在专用合同条款中有横道线的地方，合同当事人可针对相应的通用合同条款进行细化、完善、补充、修改或另行约定；如无细化、完善、补充、修改或另行约定，则填写"无"或划"/"。

《建设工程施工合同（示范文本）》中对合同协议书的使用有什么规定？

小提示

合同协议书作为施工合同的重要组成文件，其包含的内容和签署的形式非常重要，其生效必须符合法律的规定，并获得合同当事人的共同签署。

（1）工程概况

工程概况包括工程名称、工程地点、工程立项批准文号、资金来源、工程内容、工程承包范围等内容。

工程概况中的第 5 条为"工程内容"，在该条文后注明"群体工程应附《承包人承揽工程项目一览表》"，合同当事人在填写该条文时，需要特别注意该条文的填写应与第 6 条"工程承包范围"保持一致，不可产生冲突，实践过程中经常出现该种情形。

（2）合同工期

合同工期包括计划开工日期、计划竣工日期和工期总日历天数。工期总日历天数与根据前述计划开竣工日期计算的工期天数不一致的，以工期总日历天数为准。

（3）质量标准

工程质量标准必须符合现行国家有关工程施工质量验收规范和标准的要求。有关工程质量的特殊标准或要求由合同当事人在专用合同条款中约定。

（4）签约合同价和合同价格形式

1）签约合同价

签约合同价是指发包人和承包人在合同协议书中确定的总金额，包括安全文明施工费、暂估价及暂列金额等。

本条中除写明签约合同价外，还需写出安全文明施工费、材料和工程设备暂估价金额、专业工程暂估价金额、暂列金额等价格。

2）合同价格形式

合同价格是指发包人用于支付承包人按照合同约定完成承包范围内全部工作的金额，包括合同履行过程中按合同约定发生的价格变化。

发包人和承包人应在合同协议书中选择下列一种合同价格形式：单价合同、总价合同、其他价格形式。

合同当事人可在专用合同条款中约定其他合同价格形式。

根据《中华人民共和国招标投标法》的规定，对于招标发包的工程，合同协议书中填写的内容应与投标文件、中标通知书等招标投标文件的实质性内容保持一致，避免所订立的协议被认定为与中标结果实质性内容相背离，影响合同效力，如经常出现的投标价、中标价与签约合同价不一致的情形等。

（5）项目经理

项目经理应为合同当事人所确认的人选，并在专用合同条款中明确项目经理的姓名、职称、注册执业证书编号、联系方式及授权范围等事项，项目经理经承包人授权后代表承包人负责履行合同。项目经理应是承包人正式聘用的员工，承包人应向发包人提交项目经理与承包人之间的劳动合同，以及承包人为项目经理缴纳社会保险的有效证明。承包人不提交上述文件的，项目经理无权履行职责，发包人有权要求更换项目经理，由此增加的费用和（或）延误的工期由承包人承担。

项目经理应常驻施工现场，且每月在施工现场时间不得少于专用合同条款约定的天数。项目经理不得同时担任其他项目的项目经理。项目经理确需离开施工现场时，应事先通知监理人，并取得发包人的书面同意。项目经理的通知中应当载明临时代行其职责的人员的注册执业资格、管理经验等资料，该人员应具备履行相应职责的能力。

（6）合同文件构成

本协议书与下列文件一起构成合同文件：

1）中标通知书（如果有）；

2）投标函及其附录（如果有）；

3）专用合同条款及其附件；

4）通用合同条款；

5）技术标准和要求；

6）图纸；

7）已标价工程量清单或预算书；

8）其他合同文件。

在合同订立及履行过程中形成的与合同有关的文件均构成合同文件组成部分。上述各项合同文件包括合同当事人就该项合同文件所作出的补充和修改，属于同一类内容的文件，应以最新签署的为准。

由于合同协议书的文件效力和解释顺序非同一般，合同当事人在填写相关内容时，应当格外予以注意，避免缺项或错填，以造成后期合同履行的不利和困难。同时还应注意在相关当事人的落款处，将合同当事人有关地址、账户、邮编、电子信箱等内容全面完整地填写，保证合同履行的畅通和高效。

除合同当事人有特别约定外，合同协议书在解释优先顺序上要优先于其他合同文件。对于合同协议书中默认内容，合同当事人应慎重填写，避免因填写不当或缺失，影响合同的理解和适用。

（7）承诺以及合同生效条件

发包人承诺按照法律规定履行项目审批手续、筹集工程建设资金并按照合同约定的期限和方式支付合同价款；承包人承诺按照法律规定及合同约定组织完成工程施工，确保工程质量和安全，不进行转包及违法分包，并在缺陷责任期及保修期内承担相应的工程维修责任；发包人和承包人通过招标投标形式签订合同的，双方理解并承诺不再就同一工程另行签订与合同实质性内容相背离的协议。

合同协议书一般在合同当事人加盖公章，并由法定代表人或法定代表人的授权代表签字后生效，但合同当事人对合同生效有特别要求的，可以通过设置一定的生效条件或生效期限以满足具体项目的特殊情况，如约定"合同当事人签字并盖章，且承包人提交履约担保后生效"等。此外，为了规避因专用合同条款未经盖章签字确认引起的争议，合同协议书中要求专用合同条款及其附件须经合同当事人签字或盖章。

（8）协议书其他内容

词语含义、签订时间、签订地点、合同生效、合同份数等按照《建设工程施工合同（示范文本）》合同协议书中的解释和说明填写即可。

引导问题 9

《建设工程施工合同（示范文本）》中通用合同条款和专用合同条款对一般约定的使用有什么规定？

_____

_____

_____

_____

小提示

一般约定共涉及 13 项内容，分别为词语定义与解释，语言文字，法律，标准和规范，合同文件的优先顺序，图纸和承包人文件，联络，严禁贿赂，化石、文物，交通运输，知识产权，保密，工程量清单错误的修正。

（1）词语定义与解释

通用合同条款中赋予的词语含义与合同协议书、专用合同条款中词语含义相同，均取自国家法律、行政法规、司法解释、部门规章、规范性文件、行业标准、规范、相关标准文件等。具体的词语含义详见《建设工程施工合同（示范文本）》，这里不再一一赘述。

（2）语言文字

当事人签订合同时，如在专用条款中对合同语言文字有专门约定，应当注意与本条款保持一致，避免作出相互冲突的约定。

如专用合同条款中的约定与本条款产生冲突，根据"合同文件的优先顺序"约定的解释顺序，专用合同条款优先适用，当事人对此应当予以注意。

如果处于同一解释顺序的合同文件中，对语言文字的解释顺序约定相冲突，则属于合同约定不明，此时应当按照《中华人民共和国民法典》的相关规定予以解释。

（3）法律

合同当事人可以在专用合同条款中明确用以调整合同履行的其他规范性文件、政策的名称和文号，以便于指导工程施工。如专用合同条款中可约定本合同计量计价、材料人工费调差按照某地方某机构发布的文件执行。

在工程建设和管理过程中，合同当事人应遵守法律、行政法规、工程所在地的地方性法规、自治条例、单行条例、地方政府规章和专用合同条款中约定的其他规范性文件与政策，否则将直接影响工程的实施和合同的履行，甚至被行政处罚，如违反工程所在地建设行政主管部门关于施工合同备案的规定，将导致不能获得开工所需的许可和批准。

在实践中，很多部门规章、地方性政府规定对工程建设有特殊的约定，如关于招标投标、质量管理、合同结算等，可能出现合同条款与前述部门规章、地方性政府规定相冲突的情形，合同当事人在专用合同条款中约定具体的部门规章、地方性政府规定时，应予以注意，避免因约定不当，损害自身权益。

（4）标准和规范

适用于工程的标准和规范的范围包括国家、行业、地方标准以及相应的规范、规程等。对于强制性国家标准和强制性行业标准，合同当事人不得排除适用，但可以约定严于强制性标准的标准规范，并在专用合同条款中予以明确。

如发包人要求使用国外标准、规范的，其有义务提供原文版本和中文译本，以便于承包人对比理解国外标准、规范的确切含义，利于工程建设的顺利进行。同时，为避免当事人产生争议，应当在合同专用条款中明确约定发包人提供国外标准、规范的具体名称、数量以及提供时间。

此外，根据本项对提供标准规范义务的安排分析可知，如果工程使用的均为我国标准规范、合同没有特别约定，则由承包人自行提供，发包人对此无义务提供。

（5）合同文件的优先顺序

一般而言，合同文件形成时间在后者优先，即签订时间在后的合同文件效力优于签订时间在前的合同文件，但在实践中，因合同文件地位不同以及无法确定合同签订时间的情况下，当事人之间会产生争议，因此，本条款在双方无特别约定的情况下对不同文件的优先解释顺序预先作出安排。

（6）图纸和承包人文件

提供图纸是发包人的主要义务之一，发包人提供的图纸的完整性、及时性、准确性直接影响到工程施工。因此图纸的管理是合同管理活动中极为重要的环节。合同当事人应在专用合同条款中明确应由发包人提供图纸的数量、提供的期限、图纸种类及内容，避免因约定不明影响合同正常履行。除有特别约定外，发包人应按前述约定免费提供图纸。

发包人应当组织承包人、监理人及设计人进行图纸会审和设计交底，以便各方准确掌握图纸的内容，保证工程施工的顺利进行。如发包人怠于或迟延组织图纸会审和设计交底，为保证合同顺利履行，承包人可以催告其履行相应义务。

鉴于实践中常常出现发包人不及时提供图纸或提供图纸不全影响工程质量、进度等情形，故本条款虽然赋予了合同当事人在专用合同条款中约定发包人提供图纸的期限，但同时也对发包人提供图纸的最晚时间进行了限制，即至迟不得晚于开工通知载明的开工日期前的第14天。

如发包人未按合同约定提供图纸或提供图纸不符合合同约定，承包人应及时固定证据，如提供图纸迟延的，应当准确记录提供图纸的时间、名称、数量，以便在双方就工期、质量等问题产生争议时维护自身权益。

发包人如对图纸的保密、知识产权有特别要求的，应当在专用合同条款中就保密期限、知识产权归属、费用承担（如有）等问题予以明确约定。

承包人收到图纸之后发现图纸存在差错、遗漏或缺陷时负有通知义务，其隐含了承包人收到图纸后的审查义务，即承包人应在收到图纸问题后，对图纸进行认真审阅，以明确图纸要求，该工作既是作为合理审慎的承包人的应有之义务，也是其开工所必需的准备步骤。

作为一个有经验的承包人，在审阅图纸过程中，承包人对于发现的图纸错误、遗漏或缺陷应当及时通知监理人，并由发包人在合理时间内决定是否对图纸进行修改、补充、完善。

由于监理人并非施工合同当事人，其与承包人并无直接的合同关系，如监理人收到承包人的通知后，不报送或者不及时报送发包人时，承包人一方面可以催告监理人积极履行其义务；另一方面也可与发包人直接取得联系，以避免因图纸问题影响施工。如果确因监理人转送环节出现问题进而影响工期或给承包人造成其他损失的，承包人可以向发包人主张权利，发包人承担责任后可依据监理合同关系向监理人主张相应权利。

发包人在接到监理人关于图纸错误的通知后，应要求设计人进行复核，对于确实存在错误的图纸，应当在合理时间内完成修改补充并提交给承包人。经设计人确认，不属于图纸错误的，应及时向承包人进行澄清，以便于工程的顺利实施。

（7）联络

建设工程工期长、规模大、技术复杂、参与主体众多，在合同履行过程中，各参与主体之间需要进行大量的沟通、交流、信息传递。本条款约定了与合同有关的通知、批准、证明、证书、指示、指令、要求、请求、同意、意见、确定和决定等均应采用书面形式。

（8）严禁贿赂

本条款通过将公法领域的贿赂概念引入合同领域，以期治理工程建设项目中较为常见的贿赂行为，规范工程建设项目中的合同当事人的行为，维持建筑市场竞争秩序，促进建设工程市场的健康发展。

（9）化石、文物

发包人和承包人在工程施工过程中，都应积极履行保护化石、文物的法定和合同约定的义务。承包人在施工过程中一旦发现化石、文物的，应当立即通知监理人、发包人及文物行政主管部门，并做好文物保护工作。

合同当事人及监理人应对其现场人员进行化石、文物的必要培训，尤其是在埋藏化石、文物较多的区域施工时，当事人应尽必要的注意义务，对于发现的疑似化石、文物应及时通知有关行政管理部门，如北京、洛阳等历史文化名城的老城区。

承包人在施工过程中遇见化石、文物，必然会影响工期，也可能会导致支出费用增加。但就该事件本身而言，既不能归责于发包人，也不能归责于承包人。因此除合同有特别约定外，应当参照处理不可抗力的原则，平衡合同当事人之间的权益。

承包人在施工过程中遇见化石、文物，对工期和成本造成影响的，也可参照情势变更原则处理，平衡合同当事人之间的利益。

（10）交通运输

除专用合同条款另有约定外，发包人应根据施工需要，负责取得出入施工现场所需的批准手续和全部权利，以及取得因施工所需修建道路、桥梁以及其他基础设施的权利，并承担相关手续费用和建设费用。承包人应协助发包人办理修建场内外道路、桥梁以及其他基础设施的手续。

发包人负责出入现场手续的办理，取得道路、桥梁及其他基础设施通行的权利，并承担为此所需的费用。

承包人对发包人办理修建场内外道路、桥梁以及其他基础设施的手续负有协助义务。

承包人作为专业的施工单位，由其在订立合同前根据工程规模和技术参数，对进出施工现场的方式、路线作出预估，相对公平合理。因此，本条款明确了承包人订立合同前查看施工现场的义务，目的在于督促承包人尽到合理注意义务，并在报价时充分考虑完善进出现场条件所需的费用及对工期的影响，否则因此增加的费用和（或）延误的工期由承包人承担。

（11）知识产权

在工程建设项目中，发包人提供给承包人的图纸、发包人为实施工程自行编制或委托编制的技术规范以及反映发包人要求的或其他类似性质的文件，属于发包人作品，著作权归属于发包人。

承包人为实施工程所编制的文件，其法律属性与委托作品类似，在合同未作明确约定或没有订立合同情况下，著作权属于受托人，即承包人。但由于工程项目建设完成后，其所有权一般归属于发包人，在其将工程投入使用中，可能会使用施工过程中承包人所编制的各类工程资料文件，如该类著作权仍归属于承包人，则影响发包人对建设项目本身的使用。因此，合同条款明确了除署名权以外的著作权属于发包人，以便合同目的的顺利实现。当然，合同当事人也可通过专用合同条款作出特别约定。

未经发包人授权，承包人不得擅自使用前述文件。当然，考虑到工程施工的需要，承包人可因实施工程的修建、调试、运行、维修、改造等目的而复制、使用本条款规定的著作权属于发包人的文件，但不能用于与合同无关的其他事项，如用于承揽其他工程、向第三方出售或用于广告宣传等，否则需承担相应的责任。

（12）保密

合同当事人对特定事项需要保密的，应当通过专用合同条款予以明确，如列明保密事项、范围、期限等。合同当事人可以通过专用合同条款的约定限制或扩大保密的范围、延长或缩短保密的期限，但不能违背法律的规定以及公平原则。

合同当事人应按照法律规定及合同约定，对在合同履行过程中的商业秘密和技术秘密等尽到合理的保护义务。造成泄密的，需承担相应的责任，并赔偿合同对方当事人的损失。

对于一些特殊项目，如国防、军事设施等涉及国家秘密的，当事人可就保密事项专门签订保密协议，作出具体、详细安排。

（13）工程量清单错误的修正

工程量清单系由发包人提供，承包人基于发包人提供的工程量清单进行报价并签订承包合同。未经发包人同意，承包人不得擅自修改工程量清单中的项目、数值等内容，因此发包人应保证其提供的工程量清单的准确性和完整性。

如招标投标阶段（如有）、合同订立时无法准确确定某些工程的工程量，发包时可以通过设置暂估项目，由合同当事人在合同履行过程中再行明确，以避免发生纠纷。

如因发包人提供的工程量清单存在缺项、漏项、工程量偏差等错误，导致签约合同价低于实际工程造价时，由发包人对工程量清单予以修正并将合同价格调整至合理工程造价，对合同当事人较为公平合理。

由于建设工程的复杂性和工程前期诸多因素的不可预见性，工程量清单出现工程量计算偏差的情况在所难免，并非只要出现工程量偏差一律调整合同价格，而是只有偏差超过一定范围或幅度时才可以调价。因此，当事人应在专用合同条款中明确约定，当工程量偏差超出一定范围时应调整价格。

引导问题 10

《建设工程施工合同（示范文本）》中通用合同条款和专用合同条款对发包人的使用有什么规定？

_____

_____

_____

小提示

关于发包人共涉及许可或批准，发包人代表，发包人人员，施工现场、施工条件和基础资料的提供，资金来源证明及支付担保，支付合同价款，组织竣工验收，现场统一管理协议 8 项内容。

（1）许可或批准

发包人与承包人应当在专用合同条款中就项目本身和施工的许可、批准或备案办理期限作出明确的约定，同时约定逾期办理应当承担的违约责任，并约定如果未能取得工程施工所需的许可、批准或备案，承包人有权拒绝进场施工，由此增加的费用和（或）延误的工期由责任方承担。

在合同履行过程中，如果在项目本身或施工未取得许可、批准或备案的情况下，承包人进场施工，由此造成的经济损失或其他不利后果，承包人存在过错的，也应当在其过错范围内承担相应的责任。

（2）发包人代表

在施工合同履行过程中，发包人一般应委派具备相应专业能力和经验的人员担任其代表，发包人对其代表授权的内容应当清楚完善，既要避免出现因代表权限过小而影响施工合同正常履行，又要防止授权过大而导致发包人对施工合同的履行失控。

一般情况下，对于法律法规中关于监理人对施工安全质量的监理权限，发包人不应再授权给发包人代表，而对于工程价款洽商，索赔事项的处理，合同的变更等事项可由发包人代表在监理人的配合下完成，但最终需经发包人书面同意，以此限制监理人和发包人代表对合同价格的调整或权力的变更。

（3）发包人人员

为有效预防发包人现场人员违法违规行为给施工质量、安全、环境保护、文明施工造成不利影响，发包人应当加强其现场人员有关的培训和要求，采取有效措施保障承包人免受发包人现场人员不遵守法律及有关规定造成的损失和责任。如果现场人员出现违法违规的行为，发包人应当及时予以制止，并作出有效的处理，以杜绝此类事件再次发生。

如果发包人人员有违反上述规定的行为，承包人应当及时依法依约阻止，以避免自身及第三方遭到经济损失或承担其他责任，必要时可要求发包人更换相关发包人人员，以保证施工正常进行。承包人绝不能因为发包人的优势地位而丧失原则，对发包人人员违法违约的行为听之任之；否则，最终不仅使自身遭受经济损失或其他不利后果，还极有可能会承担赔偿责任或其他法律责任。

监理人应当在监理权限范围内对发包人现场人员不遵守法律及安全、质量、环境保护、文明施工等规定进行有效阻止，以避免造成施工质量安全事故或环境污染事故。

（4）施工现场、施工条件和基础资料的提供

因施工现场、施工条件和基础资料关系到承包人施工能否顺利进行，因此，发包人与承包人在订立合同时均应重视该项工作，并在专用合同条款中就施工现场、施工条件和基础资料的内容与标准作出明确的规定。对于施工现场和施工条件的标准，发包人提供的施工场地的条件应当与招标文件中明确的施工场地的标准一致，以保证承包人能够按照投标文件中的施工组织设计组织施工。对于基础资料，按照《建设工程安全生产管理条例》规定，由发包人对其真实性、完整性和准确性负责，所以发包人应当在开工前一次性向承包人提交真实、完整、准确的基础资料，以保证承包人据此施工不会给地下管线等造成损害或导致安全质量事故。

如果因发包人原因未能按照合同约定的时间和标准及时向承包人提供施工现场、施工条件和基础资料，由发包人承担由此增加的费用和（或）延误的工期。承包人应当及时提出异议，并就增加的费用和（或）延误的工期按照合同约定和法律规定的程序及时向发包人提出索赔。

如果发包人提供的施工现场、施工条件和基础资料能够满足一部分施工需要，但需要承包人调整施工组织设计，发包人应当与承包人共同评估因此可能增加的费用和（或）对工期的影响，并达成补充协议，对增加费用的承担和（或）工期的调整达成一致，以避免由此引起合同争议，甚至影响合同的正常履行。

虽然法律规定发包人对基础资料的真实性、完整性和准确性负责，但如果基础资料所存在的问题是显而易见的，则承包人应当及时向发包人提出，并有权按照合同约定在发包人解决问题前停止施工，以避免造成损害或导致工程质量问题，否则，承包人应当对由此造成的经济损失和其他不利后果承担相应的法律责任。承包人也应在其经验范围内对发包人所提供的基础资料承担基本审查义务。

（5）资金来源证明及支付担保

发包人提供资金来源证明，主要是要求发包人落实建设资金。根据不同的资金来源渠道，资金来源证明也有所区别。当前建设投资资金的来源渠道主要有以下几方面：财政预算投资、自筹资金投资、银行贷款投资、利用外资、利用有价证券市场筹措建设资金。对于财政预算投资的工程，项目立项批复文件应当对此载明，故项目立项批复文件即为资金来源证明；对于自筹资金投资、银行贷款投资、利用外资、利用有价证券市场筹措建设资金等工程，发包人应当取得资金来源方的投资文件或资金提供文件。

无论是履约保函还是支付保函，目前法律法规并没有作出强制性要求，由合同当事人根据

工程实际需要确定是否需要对方提供。如果合同当事人需要对方提供保函，则无论是履约保函还是支付保函，建议采取无条件不可撤销保函形式，以有效约束保函提供方的履约行为。

（6）支付合同价款

发包人应按合同约定向承包人及时支付合同价款。

（7）组织竣工验收

关于工程价款的支付，无论是预付款、进度款、结算款还是质量保证金，发包人与承包人均应当在专用合同条款中就支付条件、支付期限和支付程序作出明确且易操作的规定，并在合同履行过程中严格按照合同约定履行，避免因工程价款的支付产生争议。

对于发包人来说，尤其要注意《建筑工程施工发包与承包计价管理办法》第十八条第2款、《建设工程价款结算暂行办法》第十六条关于对承包人工程价款调整或结算文件逾期不予答复则视为认可的规定或约定，以避免因此承担不利法律后果。

对于承包人来讲，因按合同约定及时获得工程款的支付是其核心合同权利，所以在订立和履行合同中均应重视相关条款的约定与运用，条款的约定一定要做到清晰明确，合同履行过程中主张工程款的支付应严格以合同条款约定作为依据，以避免引起争议。

对于竣工验收，合同当事人应当根据工程的特点及当事人合同管理水平等具体情况，在专用合同条款中就竣工验收的条件和程序作出明确且易于操作的约定。

发包人应当严格依据工程设计和竣工验收规范组织勘察设计、承包人和监理人对工程质量进行竣工验收，并接受工程质量监督管理机构的监督，不得虚假验收或擅自使用未经竣工验收的工程。如果发包人虚假验收或擅自使用未经竣工验收的工程，发包人需承担由此导致的不利后果。

（8）现场统一管理协议

只有在发包人直接发包专业工程的情况下，才需要单独订立现场统一管理协议。对于由承包人经发包人同意分包的专业工程，或者以暂估价形式发包给承包人之后再由发包人与承包人共同发包的专业工程，对专业工程的现场管理内容应当在施工合同和暂估价专业工程发包合同中约定。

在发包人直接发包专业工程的情况下，现场统一管理协议应由发包人、承包人与专业工程承包人三方共同签订。统一管理协议中应明确发包人、承包人和专业工程承包人的权利义务，总的宗旨应当约定由承包人对施工现场统一管理，专业工程承包人应当接受承包人的现场管理，发包人予以监督。对于承包人根据施工现场统一管理协议对专业工程承包人的管理，发包人负责向承包人支付相关的费用。

引导问题 11

《建设工程施工合同（示范文本）》中通用合同条款和专用合同条款对承包人的使用有什么规定？

_____

_____

_____

小提示

关于承包人共涉及承包人的一般义务，项目经理，承包人人员，承包人现场查勘，分包，工程照管与成品、半成品保护，履约担保，联合体 8 项内容。

（1）承包人的一般义务

合同当事人应在专用合同条款对于承包人履行合同义务的方式、条件和期限，以及不履行、不完全履行或不及时履行该项义务应承担的法律后果等内容作出明确的约定，便于遵照执行，但合同当事人的前述约定不得违背法律、行政法规的强制性规定。

对于在施工合同中没有约定，但根据法律规定或施工合同的特点需由承包人承担的责任和义务，承包人仍应履行，承包人以合同未作约定为由拒绝履行的，应承担由此导致的不利后果。

承包人应严格履行合同约定的责任和义务，否则应承担相应的违约责任。如果合同约定与法律强制性规定相冲突，则合同约定无效，承包人应当依据法律规定履行；反之，如果仅是与法律一般性规定相冲突，在合同合法有效的前提下，承包人应当以合同约定为准。

监理人应严格按照法律规定及合同约定，对承包人施工质量安全等方面的合同义务进行监理，如果监理人怠于行使监理权利和履行监理义务导致承包人履行质量安全义务不符合法律规定，监理人应承担相应的法律责任。

发包人不得明示或暗示承包人违反施工质量安全有关的法律规定，且不得要求承包人降低工程质量安全标准，否则，承包人有权拒绝，如影响合同目的实现或造成违约的，承包人还有权解除施工合同，由此引发的质量、安全问题，发包人应承担相应的法律责任。

（2）项目经理

项目经理的专业能力是承包人履约的关键因素之一，因此，关于承包人项目经理的专业能力和任职资格，发包人会在订立合同时作出严格的要求和规定，但承包人往往会在订立合同之后将订立合同时的项目经理进行更换，有的甚至更换为非承包人的员工。为此，发包人除应在合同中就承包人项目经理作出严格的要求和规定外，更应当在合同履行过程中加强对承包人项目经理的监督管理，尤其是加强对承包人更换项目经理和项目经理是否常驻施工现场的监管。

承包人应当在专用合同条款中对项目经理的授权范围作出具体明确的约定，尤其是对于项目经理某些权力的限制，如代表承包人接收工程款或向发包人借款等，更应当具体、明确，以避免因项目经理授权不明，形成表见代理而最终使承包人承担不利后果。对于项目经理在施工质量安全等方面的职责和权力，承包人不得违法违规加以剥夺和限制。

为防止承包人项目经理无正当理由长期不在施工现场，发包人应当在专用合同条款中约定项目经理离开施工现场的条件和期限，离开的期限应当从一次离开的天数和累计离开的天数两方面加以限制，并分别约定违约责任。

授予项目经理在紧急情况下的临时处置权，其目的是为了保证工程及与工程有关人身和财产的安全，因此，发包人和承包人均不应当对此加以不合理的限制甚至剥夺此项权力；相反，合同当事人都应当予以充分保障。

为了防止项目经理滥用该项权利而损害发包人的利益，发包人应当在专用合同条款就

项目经理行使该项权利的条件和程序作出必要的限制。

项目经理行使该项权力需受到以下 4 方面的限制：①只有在涉及工程及与工程有关的人身和财产安全的情况下项目经理才有权行使该项权力；②项目经理只有在同时无法联系到发包人代表及总监理工程师的情况下才能行使该项权力；③项目经理行使该项权力所采取的措施必要且合理得当，而不能随意采取不必要的措施，如遭遇大风天气影响室外作业安全的，项目经理可以采取必要的安全防护措施或暂停室外作业，但不能以此为由暂停室内作业；④项目经理在采取措施后及时向监理人和发包人代表报告全部情况。

为有效限制承包人更换项目经理，发包人应当在专用合同条款中就承包人更换项目经理的条件作出限制，以保证施工合同履行的连续性，并在专用合同条款中就承包人擅自更换项目经理的违约责任作出明确的约定，以便在承包人违约时追究其违约责任。

当发包人和监理人收到承包人更换项目经理的通知后，首先应当依据合同约定及实际情况审查承包人要求更换项目经理的理由是否成立。如成立，则应进一步审查拟继任项目经理是否具备满足合同约定的项目经理的专业知识、技能与经验；如不成立，或拟委派的继任项目经理的专业知识、技能与经验不满足合同约定的条件和要求，发包人和监理人有权否决承包人更换项目经理的要求，且在满足条件之前承包人不得擅自更换项目经理。

由于发包人或监理人仅能从形式上对拟继任项目经理是否具备任职资格和能力进行审查，难以了解承包人所提出的拟继任项目经理的实际情况，因此发包人可以在专用合同条款中对此作出免责约定，约定如果继任项目经理无法胜任岗位职责，并因此导致费用增加或工期延误的，应由承包人承担。

虽然发包人对承包人的项目经理有监督考核，甚至要求承包人更换项目经理的权利，但并非在任何情况下发包人都享有要求更换项目经理的权利，而只能在项目经理不称职的情况下才享有该项权利。因此，为限制发包人滥用该权利，合同当事人有必要在专用合同条款中就项目经理不称职的情况作出明确具体的约定，以防止在合同履行过程中发生争议。如果发包人滥用要求更换项目经理的权利，承包人有权且应当予以拒绝。

在发包人提出更换项目经理的要求时，承包人依然拥有一次改进的机会，一般情况下，若承包人的该次改进符合要求，发包人可不再要求对项目经理予以更换，一定程度上避免了因更换项目经理而引起的矛盾或工程施工效率降低等情形。

为防止承包人在项目经理不称职的情况下拒绝更换项目经理，发包人可以在专用合同条款中明确约定承包人拒绝更换不称职项目经理而应承担的违约责任，以督促承包人依约更换不称职项目经理。

项目经理授权其下属人员履行其某项工作职责需满足以下几个条件：只有在特殊的情况下才能授权其下属人员履行其某项工作职责、被授权的人员应当具备履行相应职责的能力、提前 7 天将被授权人员的姓名及授权范围书面通知监理人、征得发包人书面同意。为避免在合同履行过程中产生争议，合同当事人应当在专用合同条款中明确约定特殊情况，以避免项目经理对特殊情况恶意扩大解释并随意授权其下属人员履行应由其履行的职责。

为防止发包人权力滥用，在项目经理授权确有合理的理由时拒绝项目经理的请求，建议专用合同条款中约定发包人在项目经理有合理理由的情况下应同意项目经理的要求，如无理拒绝应当承担相应责任，以保证施工合同正常履行；也可以对项目经理授权下属人员履行职责的具体情形进行约定。

（3）承包人人员

承包人主要施工管理人员应当包括合同管理、施工、技术、材料、质量、安全、财务等人员。承包人在提交上述人员的资料时，应当一并提供上述人员与承包人之间的劳动关系和缴纳社会保险的证明，确认上述人员为承包人合法聘用的员工。除此之外还应注意，承包人在提交人员安排报告外，还应提交项目管理机构的报告。

为有效防止承包人转包工程或允许第三方以其名义承揽工程，发包人应当在专用合同条款中就承包人主要施工管理人员作出明确的要求：

1）除要求承包人提交主要施工管理人员的社会保险缴纳凭证之外，还可以要求承包人提供上述人员的工资发放证明；

2）对主要施工管理人员在承包人处任职的期限、经历或经验作出限定和要求，同时就上述人员的更换条件和程序作出具体的要求与规定；

3）通过限制第三方人员（分包管理人员及承包人专家顾问除外）擅自进入施工现场等方式对承包人的履约行为加以限制；

4）在专用合同条款中就承包人不履行上述义务所应承担的违约责任作出明确的约定。

（4）承包人现场查勘

承包人在报价前应当充分掌握发包人提交的基础资料，并对施工现场和施工条件进行严格准确的踏勘与了解，并据此编制施工组织设计和进行报价，否则，由此造成费用增加和（或）工期的延误，应由承包人自行承担。

如果发包人提供给承包人的基础资料的真实性、准确性和完整性存在问题，由此导致承包人作出错误的解释和推断，则发包人应当承担增加的费用和（或）延误的工期。

（5）分包

发包人和监理人应加强对承包人工程施工的监督管理，通过加强对承包人工程施工主要管理人员和技术人员的管理，避免承包人非法转包和违法分包现象的发生。对于主体结构、关键性工作的范围，发包人和承包人应当根据法律规定与工程的特点在专用合同条款中予以明确。施工总承包单位不得将房屋建筑工程主体结构的施工分包给其他单位，但考虑到工程结构的实际情况及专业承包资质情况，《建筑工程施工转包违法分包等违法行为认定查处管理办法》明确了若主体结构是钢结构工程，可以进行专业分包。

承包人分包工程，只能分包法律及合同约定的非主体和非关键性工程，并且应当根据合同约定或取得发包人同意才能分包工程，分包人应当具备承包分包工程的资质等级条件。对于暂估价专业工程，分包应当按照暂估价条款确定分包人。工程分包后，承包人仍应对分包工程负责，与分包人共同对分包工程承担连带责任。若当事人在专用合同条款中没有作出其他约定，承包人应在分包合同签订后7天内向发包人和监理人提交分包合同副本，以便监理人和发包人对承包人分包和分包人的施工行为进行监督管理。

发包人应当在专用合同条款中就承包人对分包管理的操作程序作出进一步的约定，并要求承包人对分包实行严格的管理，尤其对于劳务分包，应当约定对人员实行实名制管理，管理措施包括但不限于进出场管理、登记造册、各种证照的办理以及工资的发放等。

根据合同相对性原则，分包人只与承包人存在合同关系，而与发包人并不存在直接合同关系，因此，分包人的分包合同价款应当由承包人与分包人结算，在合同没有约定或无生效法律文书确认发包人直接向分包人结算工程款的情况下，发包人直接向分包人结算工程款是对承包人合同权益的侵害。因此，为有效防止发包人与分包人直接结算损害承包人合同利益的行为，承包人应当在专用合同条款中约定如果发包人擅自向分包人支付分包价款的，不免除发包人对承包人的付款责任。

因在分包情况下由分包人和承包人共同对发包人承担连带责任，故一般不存在分包人在分包合同项下的义务持续到承包人缺陷责任期届满以后的情形。即对发包人来讲，分包人的义务就是承包人的义务，但如果存在分包人在分包合同项下的义务期限长于承包人的缺陷责任期限这一特别的情况，而发包人在缺陷责任期届满前提出转让的，承包人无权且不应当拒绝。在进行分包合同权益转让时，应签订三方合同，并明确原分包合同中哪些权益进行转让，并注意转让前后各方抗辩权与最终是否承担连带责任问题。

（6）工程照管与成品、半成品保护

在专用合同条款没有其他约定的情况下，承包人对工程及工程相关的材料、工程设备的照管责任自发包人向承包人移交施工现场之日起直到颁发工程接收证书之日止。在承包人负责照管期间，因承包人原因造成工程、材料、工程设备损坏的，由承包人负责修复或更换，并承担由此增加的费用和（或）延误的工期。

对合同内分期完成的成品和半成品，在工程接收证书颁发前，由承包人承担保护责任。因承包人原因造成成品或半成品损坏的，由承包人负责修复或更换，并承担由此增加的费用和（或）延误的工期。因非承包人原因造成成品或半成品损坏的，通常而言，发包人可以委托承包人负责修复或更换，由此增加的费用和（或）延误的工期由发包人承担，但承包人存在过错的，应承担相应的责任。

如果施工现场有承包人难以实现有效管理的特殊材料或设备，承包人应当在专用合同条款中对此进行特别约定，不承担上述材料、设备的照管责任。

（7）履约担保

承包人的履约担保经常采用不可撤销的见索即付保函形式，该保函只要发包人向担保人提出承包人违约，担保人即应向发包人承担担保责任，而不需要发包人提供证据证明承包人违约的事实。关于保函的形式，一般分为银行保函和担保公司保函两种形式，具体形式由当事人在专用合同条款中约定。

担保的期限，一般应当自提供担保之日起至颁发工程接收证书之日止，因此承包人应保证履约担保在颁发工程接收证书前一直有效。但合同当事人应注意，有的银行出具的保函需要明确保函的具体截止日期。

（8）联合体

根据《中华人民共和国建筑法》规定，联合体成员企业均应当具备承揽该工程的资质，否则联合体与发包人订立的施工合同无效。在联合体协议中应当明确各成员企业的权利、义务和责任，并约定牵头人的权利、义务和责任。联合体各成员企业共同与发包人订立合同后，联合体内各成员企业应相互配合全面履行与发包人订立的合同，未经发包人同意，联合体内无权修改联合体协议。联合体成员企业应对合同协议书的履行承担连带责任，即在联合体中某一成员企业不履行合同协议时，其他成员企业均负有履行合同的义务。联合体牵头人应当是联合体成员企业之一，牵头人应当代表联合体与发包人和监理人联系，并代表联合体接收指示，并组织联合体全面履行合同。如因牵头人原因没有按照监理人和发包人指示全面履行施工合同，则联合体仍应当先共同因牵头人的失误对发包人负责，之后再由牵头人根据联合体协议和法律规定对其他成员企业承担责任。

在联合体内部的责任和义务方面，如果某一个或数个联合体成员因故意或重大过失导致联合体对外承担不利后果，则在联合体对外承担责任之后根据联合体成员的过错程度承担相应比例的责任。相关的责任承担原则均应当在联合体协议中予以明确。

引导问题 12

《建设工程施工合同（示范文本）》中通用合同条款和专用合同条款对监理人的使用有什么规定？

_____

_____

_____

小提示

关于监理人共涉及监理人的一般规定、监理人员、监理人的指示、商定或确定 4 项内容。

（1）监理人的一般规定

在实践中，因监理人与发包人代表授权范围容易出现交叉，因此，发包人与承包人应当在专用合同条款中就监理人和发包人代表的授权范围作出明确具体的规定，同时应当在专用合同条款中明确哪些行为构成对合同的修改，以免发生争议。对于监理人修改合同、减轻或免除合同约定的承包人的任何责任与义务的行为，承包人和发包人均有权拒绝。

对于承包人来讲，如果发包人代表的授权与监理人的授权出现交叉或授权不明，承包人应当在订立合同过程中以及订立合同后及时向发包人提出，并要求其予以明确，以避免影响承包人正常履行合同。

除专用合同条款另有约定外，监理人在施工现场的办公场所、生活场所由承包人提供，所发生的费用由发包人承担。

（2）监理人员

监理人对于监理人员的授权应当符合委托监理合同及施工合同专用合同条款中关于监理人授权的约定，对于实行强制监理的工程，对监理人员的授权还要遵守法律的规定。如果监理人授权超出合同约定，则承包人有权提出异议，如监理人对承包人合理的异议不予接受，则承包人应当要求发包人就该事项作出处理和决定。若监理人更换其委派的监理人员，监理人应在征得发包人同意后提前通知承包人，以保证施工合同的顺利履行。对于监理人对其监理人员的任何授权，承包人均应当要求监理人提供书面的授权，否则，承包人有权拒绝接受监理人员的指示。

（3）监理人的指示

监理人按照发包人的授权发出监理指示，但是发包人对监理人的授权、撤销授权等事项是否需要有特殊的形式要求，合同当事人应作出明确约定，以免产生争议。

合同当事人要在专用合同条款中明确总监理工程师行使确定的权力范围，以及是否可以授权或者委托其他监理人员。

（4）商定或确定

合同争议的商定或确定，需要总监理工程师具备处理合同争议的专业能力和秉持公正的立场，发包人除了重视总监理工程师专业技能外，还应重视总监理工程师的职业素养和道德品质。

总监理工程师的确定应当附具详细的理由及充分的依据，否则，总监理工程师的确定可能无法定纷止争，甚至引起新的争议。因此，合同当事人在适用该条款时应当尤为慎重。

 引导问题 13

《建设工程施工合同（示范文本）》中通用合同条款和专用合同条款对工程质量的使用有什么规定？

_____

_____

_____

 小提示

工程质量共涉及质量要求、质量保证措施、隐蔽工程检查、不合格工程的处理、质量争议检测 5 项内容。

（1）质量要求

如合同当事人没有在专用合同条款中约定工程质量特殊标准或要求，那么工程质量应当符合现行国家质量验收规范和标准。如合同当事人在专用合同条款中约定特殊质量标准，则其不能低于国家质量验收规范和标准，只能高于国家质量验收规范和标准。如合同当事人的施工工程没有国家质量验收规范和标准时，应该参照相似工程的国家质量验收规范和标准或者行业质量验收规范和标准，对此当事人可在专用合同条款中进行明确约定。

根据谁主张谁举证的基本原则，承包人主张发包人承担责任时负有举证责任，需要证明工程质量不符合标准是发包人原因造成的；同理，发包人主张是承包人原因时，也要承担举证责任。本条款对发包人承担责任方式的约定仍是原则性的，为了减少争议，建议双方在专用合同条款中对发包人的责任进行具体的约定，比如承包人利润的计算标准和方式。承包人依据此项约定进行费用、工期和利润索赔时，应注意合同对索赔期限的约定，避免逾期丧失索赔权利。

由于工程施工质量主要由承包人负责，所以一旦出现工程质量问题，如果承包人不能举证证明是由其他原因（如设计缺陷、发包人过错等）造成的，则由承包人承担所有质量责任。对于发包人来说，承包人承担工程质量问题的责任就是将工程修复至合格，并承担工程延误的违约责任。但是工程质量无法修复或修复费用明显高于已完工程成本的，发包

人有权解除合同并拒绝支付工程款。

（2）质量保证措施

发包人应严格按照法律法规规定履行质量管理责任，如选择有资质的设计人、监理人，不得压缩合理工期，不得使用未经审定的图纸等，以保障建设工程的质量要求。对于发包人应该承担的其他质量管理义务，双方可以在其他合同条款中进行约定，其他合同条款未作约定的，可以在专用合同条款中进行具体约定。

承包人首先要根据法律法规的规定履行质量管理义务，这是其法定义务，无论合同条款是否约定。发包人有权按照合同条款约定对承包人履行义务的情况进行监督，并及时对承包人违约行为予以提示改正；同时发包人、监理人也有义务对承包人履行合同条款的行为进行配合，比如，及时确认承包人提交的施工措施计划，及时检查、检验承包人的施工等。发包人、监理人怠于履行相应配合义务的，承包人有权要求发包人、监理人承担相应责任。对于发包人与监理人的"错误指示"，承包人有权拒绝实施，同时承包人可以基于其专业判断提出合理化建议。发包人或监理人拒不改正"错误指示"，影响到后续施工的，承包人有权暂停施工。

由于监理人的检查和检验，并不免除或减轻承包人按照合同约定应当承担的质量责任，所以承包人在施工中不能因为有了监理人检查检验就不重视施工质量。发包人应承担因监理人在检查与检验中出现的不当行为而增加的费用和工期等法律责任，所以发包人应对监理人的监理行为进行监督。

（3）隐蔽工程检查

隐蔽工程的检查，承包人应先行自检，然后才能通知监理人检查。如果承包人未进行自检，就通知监理人检查，监理人可以拒绝检查，由此延误的工期或增加的费用由承包人承担。承包人和监理人应严格按照约定的程序进行检查，承包人有通知的义务，监理人有及时回复并参与检查的义务，否则应承担相应的不利后果；双方可以在专用合同条款中对检查的程序和期限进行约定，但应该合情合理。本条虽然赋予监理人和发包人重新检查权，但是发包人和监理人不能滥用该权力，否则造成的损失，承包人有权以发包人或监理人存在过错进行索赔。承包人应在施工中避免私自覆盖，如果通知监理人或发包人后，监理人或发包人未及时进行检查，承包人覆盖的，应该保留通知监理人或发包人的证据，避免被认定为私自覆盖。

（4）不合格工程的处理

对于质量不合格的工程，首先要查明不合格是承包人原因造成，还是发包人原因造成，或是承包人和发包人共同原因造成，或是勘察、设计等第三人原因造成，然后根据本条约定承担相应的责任。为避免不合格工程，承包人和发包人在工程施工中都要遵循谨慎负责的精神，严格按照施工规范进行施工，避免工程出现质量问题。

发包人和承包人在工程质量不合格的情形下，都有义务避免损失进一步扩大。无论何种原因造成工程质量不合格，承包人和发包人在发现质量问题后，都应该及时进行补救，不应消极对待，放任损失扩大，否则要对扩大的损失承担责任。

发包人和承包人承担责任的方式与内容有一定的区别，特别是发包人要承担承包人的利润损失，鉴于承包人的利润损失在实践中很难界定，双方可以在专用合同条款中约定具体的计算方式和标准。

根据法律规定，承包人施工的工程质量不合格的，发包人的权利具体包括：①有权拒绝接受；②有权拒绝支付工程款；③有权要求承包人赔偿损失。故承包人要高度重视工程的施工质量，避免因施工质量不合格造成巨大的经济损失。

（5）质量争议检测

工程质量出现问题主要表现为工程质量不合格、材料质量不合格或者质量缺陷等情形，且产生争议势必影响到工程结算与最终结清。因此，在合同当事人产生争议时，采取通过中立的第三方即双方协商确定的质量检测机构进行质量鉴定的技术方式，可以比较客观地划分责任。

双方当事人就确定质量检测机构无法达成一致或者双方对于鉴定结果确定的责任划分存在分歧时，《建设工程施工合同（示范文本）》启动了商定或确定机制，即由总监理工程师会同合同当事人尽量协商达成一致，不能达成一致的，按照总监理工程师的确定执行。若对总监理工程师的确定有异议，则应按照争议解决条款处理。

 引导问题 14

《建设工程施工合同（示范文本）》中通用合同条款和专用合同条款对安全文明施工与环境保护使用有什么规定？

 小提示

安全文明施工与环境保护共涉及安全文明施工、职业健康、环境保护3项内容。

（1）安全文明施工

工程施工中的安全生产义务是法定的，当事人必须履行。《建设工程安全生产管理条例》第4条规定，建设单位、勘察单位、设计单位、施工单位、工程监理单位及其他与建设工程安全生产有关的单位，必须遵守安全生产法律、法规的规定，保证建设工程安全生产，依法承担建设工程安全生产责任。合同当事人对安全生产标准有在专用合同条款中作出具体约定的权利，但是专用合同条款中约定的标准应该更严格。对于施工过程中突发的地质变动、事先未知的地下施工障碍等影响施工安全的紧急情况，必须停工的，由此造成的损失应该按照不可抗力的情形处理并分担责任。一般来说，此种情形主要有地下施工中发现文物古迹，地下水暗流，岩土层结构与勘察资料不一致等。承包人应当制定本单位的生产安全事故应急救援预案，建立应急救援组织或者配备应急救援人员，配备必要的应急救援器材、设备，并定期组织演练。

对于特别安全生产事项，承包人负责项目管理的技术人员在施工前，应当对有关安全施工的技术要求向施工作业班组、作业人员作出详细说明并进行相应的交底，由双方签字确认。从事特种作业的劳动者必须按照《中华人民共和国劳动法》与住房和城乡建设部

《建筑施工特种作业人员管理规定》经过专门培训并取得特种作业资格。

承包人在动力设备、输电线路、地下管道、密封防振车间、易燃易爆地段以及临街交通要道附近施工时，由于这些地点存在较大的安全隐患，事故涉及范围广泛，后果严重，因此，在这些特殊地点施工前承包人应加强安全防护责任，并向发包人和监理人提出安全防护措施，经发包人认可后方可实施。

危险性较大的分部分项工程施工须按照《危险性较大的分部分项工程安全管理规定》（中华人民共和国住房和城乡建设部令第 37 号），编制专项施工方案或者组织专家论证。

对于危险性较大的分部分项专项工程施工方案，建筑工程实行施工总承包的，施工总承包单位组织编制；对于超过一定规模的危险性较大的分部分项工程，施工单位应当组织专家对专项方案进行论证；不需专家论证的专项方案，经施工单位审核合格后报监理单位，由项目总监理工程师审核签字。

鉴于发包人为工程的所有权人，承包人只是施工的组织者，因此，施工现场原则上应当由发包人负责建立治安管理机构，故《建设工程施工合同（示范文本）》约定，首先由发包人承担工程治安管理的责任，当然，合同当事人也可以在专用合同条款中约定采用由发包人和承包人共同分工负责的方式或其他方式。

施工现场不仅有作业区，还有生活区、办公区，因此，发包人和承包人还应做好包括生活区在内的各自管辖区的治安保卫工作。上述约定有利于明确责任划分，更好地进行安全保卫工作，在发生治安事件后，也有利于当事人的快速处理。

发包人和承包人应当在开工后 7 日内共同编制施工现场的治安管理计划，制定应对突发治安事件的紧急预案，其目的在于督促合同当事人尽快完成此项工作，引起对治安管理责任的重视。合同当事人可以在专用合同条款中约定由发包人或承包人具体负责编制施工现场治安管理计划、制定应对突发治安事件紧急预案。

合同强调了承包人在施工现场保留保修期内所需的材料、工程设备和临时工程，需经发包人"书面"同意。为了避免影响发包人对工程竣工后的正常使用，减少可能产生的安全隐患，保持良好的工程状态，并明确承包人保留在现场的材料、设备的数量、规格、型号、保存地点等事项，避免日后发生争议，有必要通过书面方式确定相关内容。工程所在地有关政府行政管理部门有特殊要求的，承包人须按照其要求执行。

安全文明施工费的资金保证及专款专用对于施工期间的安全和质量意义重大，也影响着工程的顺利实施。因基准日期后合同所适用的法律或政府有关规定发生变化，增加的安全文明施工费仍应由发包人承担，但是承包人应该承担举证证明责任。对于承包人未经发包人同意采取合同约定以外的安全措施的，则根据其避免了承包人的损失还是避免了发包人的损失，导致费用承担主体不同，极易发生争议，故承包人应该保留相应证据，如果双方不能达成一致意见，应该放在工程竣工结算后进行统一处理，不能影响工程的施工。承包人对安全文明施工费应专款专用，发包人或监理人有权对承包人安全文明施工费的使用情况进行监督、检查，承包人应予以配合并提供安全文明施工费使用的相关资料。因发包人延迟支付安全文明施工费，造成工程停工的，发包人应承担违约赔偿责任。同时，实践中安全文明施工费是否单独支付，双方可以在专用合同条款中作特别约定。

对于安全事故，承包人有抢救的义务。承包人拒绝抢救的，或者该事故只有专业抢救机构才能实施的，监理人或发包人有权委托第三人进行抢救，保障安全事故及时处理，避免带来更大的损失。发生安全事故时，发包人和承包人都有义务采取措施处理安全事故，减少人员伤亡和财产损失，防止事故扩大，保护事故现场。对于安全事故造成的损失和工期延误，应该根据事故的原因进行分担。发生生产安全事故时，发包人和承包人都有义务及时、如实地向负责安全生产监督管理的部门、建设行政主管部门或者其他有关部门报告，接到报告的部门应当按照国家有关规定，如实上报。实行施工总承包的建设工程，由总承包单位负责上报事故。因为当安全事故后果达到一定严重程度时，发包人和承包人均有可能构成重大安全事故罪，承担相应刑事责任，所以发包人和承包人均应加强对工程安全的管理。

发包人承担赔偿责任的情形有两种：第一种是因工程本身对土地的占有和使用对第三人造成的财产损失；这是依据发包人对工程享有所有权进行工程建设而造成了对第三人人身和财产的损害赔偿责任，该责任的法律基础为无过错责任。第二种是因发包人原因造成的自身人员、承包人、监理人和第三人人身伤亡与财产损失。因发包人原因造成承包人、监理人和第三人人身伤亡与财产损失，应适用《中华人民共和国侵权责任法》的规定；对发包人自身人员造成的人身伤害，应适用《中华人民共和国劳动法》工伤保险的法律规定。因承包人原因造成包括发包人在内的任何第三人人身伤害和财产损失的，应适用《中华人民共和国侵权责任法》的规定。发包人和承包人各自雇用的工作人员因执行工作任务造成他人人身伤害和财产损失的，由用人单位承担侵权赔偿责任。工作人员在工作中有重大过失或过错的，用人单位对外承担责任后，可以要求工作人员在其过错范围内补偿。

（2）职业健康

承包人应按照《中华人民共和国劳动法》等法律规定保障劳动者的工资报酬、休息休假的权益，提供安全的劳动生产条件，这是承包人的法定义务。对于必须具有资格许可的劳动人员，承包人应按照国家有关规定为其雇用人员办理各种必要的证件、许可、保险和注册等，同时应督促其分包人为分包人所雇用的人员办理必要的证件、许可、保险和注册等。承包人应该与员工建立合法的劳动关系，缴纳社保费用，特别是工伤保险费，在发生工伤事故后，可以保障员工获得国家工伤保险补偿，同时降低公司的损失。

本款中约定承包人依法为其履行合同所雇用的人员提供必要的生活卫生条件，并保证雇用人员的健康，从生活条件、医疗等方面保障劳动者的合法权益。如果因为承包人不能提供安全卫生的工作和生活场所，造成人员病亡或传染疾病暴发的，承包人可能要承担行政处罚责任甚至刑事责任。

（3）环境保护

施工过程中一旦造成环境污染，则治理成本增加、技术难度提高，故在工程开始施工前应增强环境保护的意识，约束承包人采取有效的环境保护措施。做好施工期间的环境保护是承包人的法定义务，也是承包人应尽的社会义务。

承包人在施工时应当遵守有关环境保护和安全生产的法律、法规的规定，采取控制和处理施工现场的各种粉尘、废气、废水、固体废物以及噪声、振动对环境的污染和危害的措施。对于可能引起大气、水、噪声以及固体废物污染的施工作业要事先做好具体可行的防范措施。

承包人作为污染者，应对其引起的环境污染承担侵权损害赔偿责任，由此导致的暂停施工，承包人承担由此增加的费用和延误的工期；由此产生的周边群众不满等群体事件，承包人和发包人都应高度重视、积极处理，承包人承担由此发生的费用和延误的工期。

承包人在签订合同时应全面考虑可能发生的费用，合同一经签订，就视为承包人已经认识到了保护环境可能面临的所有风险，除非因法律变化引起调整的条款导致承包人保护环境的费用增加，承包人不可就保护环境所发生的其他费用要求发包人进行补偿。

根据法律规定，环境污染侵权责任实行举证责任倒置原则，即承包人应当就法律规定的不承担责任或者减轻责任的情形及其行为与损害之间不存在因果关系承担举证责任，否则须承担环境污染侵权责任。

引导问题 15

《建设工程施工合同（示范文本）》中通用合同条款和专用合同条款对工期和进度的使用有什么规定？

小提示

工期和进度共涉及施工组织设计、施工进度计划、开工、测量放线、工期延误、不利物质条件、异常恶劣的气候条件、暂停施工和提前竣工 9 项内容。

（1）施工组织设计

工程勘察设计等基础资料是承包人编制施工组织设计的重要依据，发包人应保证其向承包人提供的基础资料真实、准确和完整；发包人对工程的施工组织设计有特别要求的，应将此等要求在招标文件或专用合同条款中予以明确，承包人在编制施工组织设计时应将发包人的此等要求考虑进去；招标发包的工程，承包人一般在其投标时即已提交过初步施工组织设计，在签订合同后需要按照合同要求，在投标阶段施工组织设计文件基础上提交详细的施工组织设计；对危险性较大的分部分项工程，承包人在施工组织设计中还应依据《危险性较大的分部分项工程安全管理规定》等规定，编制危险性较大的分部分项工程的专项施工方案；对于超过一定规模的危险性较大的分部分项工程，施工单位应当组织专家对专项方案进行论证。承包人还应当注意相关法律法规的要求，如果法律法规有强制性要求，在编制和提交施工组织设计文件时也应当遵守。

根据《建设工程施工合同（示范文本）》通用合同条款的约定，考虑到施工组织设计的重要性，约定施工组织设计由监理人审核，发包人审批。发包人和监理人均有权对施工组织设计提出修改意见，对发包人和监理人提出的合理意见与要求，承包人应自费修改完善。监理人的审核与发包人的批准，不免除承包人的责任和义务。合同双方可在专用合同条款中约定提交施工组织设计的最迟时间。

（2）施工进度计划

承包人编制施工进度计划应充分考虑工程的特点、规模、技术难度、施工环境等因素，符合合同对工期或节点工期的约定。进度计划不能与工程实施的实际情况相脱离，也不能任意迎合发包人的工期要求而违背科学和现实条件，压缩合理工期。合理工期可以参照当地建设行政主管部门或有关专业机构编制的工期定额确定。发包人对承包人提交的施工进度计划应在约定期限内予以审批，没有约定期限的应在合理期间内及时审批，以便承包人可以尽快按照经审批的进度计划组织施工。发包人和承包人最好在专用合同条款中约定详细施工进度计划和施工方案的内容与提交期限，以及监理人的审批期限，避免因约定不明影响与合同进度计划有关的管理目标的实现。发包人或监理人还应在合同约定的期限内完成对修订的施工进度计划的审批，双方可以在专用合同条款中约定不同于本条款审批期限的期限。鉴于按照合同约定完工是承包人的主要义务之一，因此，发包人同意承包人所提出的经修订的施工进度的，并不减轻或免除承包人应当承担的责任和义务，承包人不能以发包人的同意作为免责的理由，不能以此认为合同当事人对合同工期进行了变更。

（3）开工

发包人应积极落实开工所需的准备工作，尤其是获得开工所需的各项行政审批和许可手续，避免因工程建设手续的欠缺，影响工程合法性。承包人在合同签订后，应积极准备各项开工准备工作，签订材料、工程设备、周转材料等的采购合同，确定劳动力、材料、机械的进场安排，避免因准备不足，影响正常开工。

在发包人无法按照合同约定完成开工准备工作的情况下，承包人应采取有效措施，避免损失的扩大。因发包人原因迟延开工达到 90 天以上的，合同当事人应先行就合同价格调整协商，达成一致的应签订补充协议或备忘录。无法达成一致的，承包人有权解除合同，合同解除后的清算和退场参照相关条款。因发包人原因延期开工，承包人有权提出价格调整或解除合同的期限，合同当事人可以在专用合同条款中作出不同于通用合同条款期限的约定。监理人发出开工通知后，因发包人原因不能按时开工的，应以实际具备开工条件日为开工日期并顺延竣工日期；因承包人原因不能按时开工的，应以开工通知载明的开工日期为开工日。

（4）测量放线

发包人应及时提供测量基准点、基准线和水准点及其书面资料，并对其真实性、准确性和完整性负责，承包人应根据其专业知识和经验对发包人提供的资料进行复核，并将发现的错误及时通知监理人，便于及时纠正错误，避免对工程实施造成不利影响。

发包人提供的测量基准点、基准线和水准点存在错误，承包人应当发现而未发现或虽然发现但没有及时指出的，承包人也应承担相应责任，合同当事人可在专用合同条款中对此进行具体约定。

承包人应当根据国家测绘基准、测绘系统和工程测量技术规范，按照合同和基准资料要求进行测量，并报监理人批准。监理人有权监督承包人的测量工作，可以要求承包人进行复测、修正、补测。

（5）工期延误

发包人应依据合同约定完成应由其承担的开工准备工作，提供工程施工所需的图纸、基础资料等，并及时办理工程施工相关的指示、批复、证件，落实工程建设资金，严格按照合同约定支付合同价款，避免因其自身原因延误工期。

合同当事人应明确监理人发出指示、批准的程序及时限，发包人应督促监理人按照合同的约定及时发出指示、批准，以避免监理人不依照合同约定发出指示、批准致使工期受延误。

承包人应编制科学合理的施工组织设计，并严格按照施工进度计划组织施工，做好人员、材料、设备、资金等各要素的衔接，落实质量和安全管理措施，加强对分包单位的管理，避免因自身原因导致工期延误。

（6）不利物质条件

为避免"不利物质条件"认定的困难，发包人和承包人可以结合项目性质、地域特点等，在专用合同条款中直接列明"不利物质条件"的内容，如岩土、水文条件等障碍物和污染物；承包人需注意收集与"不利物质条件"有关的证据资料，如岩层构造资料、水文地质资料，以便在争议发生时，更好地维护己方权益。

承包人在遭遇"不利物质条件"后，应及时通知发包人和监理人，并立即采取措施避免损失扩大。发包人应尽快组织检验、核查，确认构成"不利物质条件"的，应通过监理人发出变更指示，并按变更程序核定承包人发生的费用和应予顺延的工期。

为减少"不利物质条件"对工程进度和费用的影响，发包人和承包人可以在专用合同条款中约定承包人遭遇"不利物质条件"时的通知期限、发包人核定的期限及监理人发出指示的期限。

（7）异常恶劣的气候条件

为便于准确认定"异常恶劣的气候条件"，避免承发包双方因异常恶劣的气候条件的认定发生争议，发包人和承包人可以结合项目性质、地域特点等在专用合同条款中直接约定哪些情况属于"异常恶劣的气候条件"，例如可约定 24 小时内降水量达 50.0～99.9mm 的暴雨，风速达到 8 级的台风，日气温超过 38℃或低于－10℃等气候状况。不同的地区气候条件不同，建议双方参考工程所在地的历史气象资料约定具体的气象数据。

发生异常恶劣气候时，承包人需收集相关证据材料，如当地气象资料，并及时向发包人主张权益，避免因资料的欠缺或现场情况的灭失，导致合同当事人产生争议。另外，在发生异常恶劣气候时，承包人应采取措施避免损失扩大，否则无权对扩大损失部分要求补偿。

为减少"异常恶劣的气候条件"对工程进度和费用的影响，发包人和承包人可以在专用合同条款中约定承包人遭遇"异常恶劣的气候条件"时的通知期限、发包人核定的期限及监理人发出指示的期限。

（8）暂停施工

鉴于停工对工程建设将产生重大影响，行使停工权须十分谨慎。发包人和承包人均应当按照合同约定的程序和书面文件往来要求，慎重地对待停工。行使停工权必须有合同依据或法律依据，无合同依据或法律依据的停工将构成违约。

1）关于停工期间的费用损失计算问题。停工期间的费用通常涉及项目现场人员和施工机械设备的闲置费、现场和总部管理费，停工期间费用的计算通常以承包人的投标报价作为计算标准，但由于停工期间设备和人员仅是闲置，并未实际投入工作，发包人一般不会同意按照工作时的费率支付闲置费。为了保证停工期间的损失能够得到最终认定，承包人应做好停工期间各项资源投入的实际数量、价格和实际支出的记录，并争取得到监理人或发包人的确认，以作为将来索赔的依据。

2）关于承包人擅自停工，且收到监理人通知后 84 天内仍未复工问题。当事人一方迟延履行主要债务，经催告后在合理期限内仍未履行的，视为构成根本违约，守约方有权解除合同。在此种情况下，发包人有权按照承包人违约情形的约定通知承包人解除合同。当然，当事人可以在专用合同条款中作出其他特别约定。发包人应当在监理合同和专用合同条款中对监理人指示暂停施工的权利进行约定。

3）承包人必须在客观条件符合行使合同条款所规定的紧急情况下的停工权的标准时，才可以行使该项权利，否则，承包人擅自停工需承担由此导致的不利后果。并且，监理人收到承包人紧急停工通知后，应尽快答复，逾期未答复，则视其已同意承包人停工。

合同当事人应注意，复工前，承包人应在发包人、监理人或其他见证方在场的情况下，对受影响的工程、工程设备和材料等进行检查与确认，需要采取补救措施的，承包人还应当进行补救，相关费用由引起停工的责任人承担。

即使非承包人过错引起停工，承包人也应履行工程照顾义务。若承包人未尽照顾保护义务，则无权要求责任方补偿因此支出的费用，同时需承担扩大部分的损失。

根据《中华人民共和国建筑法》规定，实行施工总承包的，总承包单位应负责施工现场安全，因此总承包人不能免除停工后的工程照顾、看管、保护义务。

在暂停施工的情况下，承包人还负有采取适当措施防止损失扩大的义务。因工程质量、安全或减损需要，应由发包人配合的事务，发包人应积极配合完成，否则应对扩大部分的损失承担责任。

（9）提前竣工

合同当事人约定提前竣工的，须就提前竣工的费用承担、工期调整以及提前竣工奖励等事项签订补充协议，便于合同当事人遵照执行。

合同当事人不得通过提前竣工的约定，压缩合理工期。合理工期可以参照当地政府主管部门或行业机构颁布的工期定额或标准确定。合理工期被任意压缩，将扩大安全隐患或导致质量、安全事故的发生。

承包人应注意，即便是由发包人提出提前竣工，只要承包人同意，承包人不得以此为由减轻或免除其按照合同约定应承担的责任和义务。

 引导问题 16

《建设工程施工合同（示范文本）》中通用合同条款和专用合同条款对材料与设备的使用有什么规定？

 小提示

材料与设备共涉及发包人供应材料与工程设备、承包人采购材料与工程设备、材料与

工程设备的接收与拒收、材料与工程设备的保管与使用、禁止使用不合格的材料和工程设备、样品、材料与工程设备的替代、施工设备和临时设施、材料与设备专用要求 9 项内容。

（1）发包人供应材料与工程设备

对于发包人供应材料与工程设备，双方应当在专用合同条款中就材料、工程设备的品种、规格、型号、数量、单价、质量等级和送达的地点及其他合同当事人认为必要的事项作出明确的约定，以及约定发包人逾期供货应当承担的责任。

在发包人供货之前，承包人应提前通过监理人通知发包人及时供货，如果因承包人不及时通知造成费用增加或工期延误，则应由承包人承担责任；反之，则应由发包人承担责任。如果合同当事人认为 30 天通知期限过长或过短，可以在合同专用条款中根据工程特点、甲供材料的具体情况作出特别约定。

承包人依据约定修订施工进度计划时，需同时提交修订后的发包人供应材料与工程设备的进场计划，以便发包人就供货计划作出调整。如果因承包人原因修订进场计划，且由此造成发包人费用增加，承包人应承担责任。

（2）承包人采购材料与工程设备

对于应由承包人采购的材料和工程设备，承包人应当严格按照设计和有关标准采购，并对质量负责，发包人不得指定厂家和供应商。

对于应由承包人采购的材料和工程设备，发包人指定厂家和供应商的，承包人有权拒绝，如承包人未予拒绝并使用发包人指定材料和工程设备，出现因指定的材料和工程设备供应商原因导致工程质量安全事故时，不能免除承包人的责任，发包人在其过错程度内也应当承担相应的责任。

（3）材料与工程设备的接收与拒收

对于发包人供应的材料和工程设备，发包人应当对质量负责，但承包人也应当依据法律规定和合同约定对材料进行清点，并对质量检验和接收工作负责。承包商尤其要重视和履行质量检验义务，如果发包人供应的材料和工程设备本身不合格而承包人未尽到合理的检验义务，导致不合格的材料和工程设备被用于工程，除发包人应对质量负责外，承包人也应当承担相应的责任。

对于发包人的供货行为，如果不符合合同约定，由此造成承包人费用增加或工期延误，发包人应当承担违约责任。为避免因违约责任的标准产生争议，当事人应当在专用合同条款中就违约责任的标准作出明确的约定。

承包人应对由其采购的材料和工程设备的质量负责，无论该材料和工程设备是否通过监理人检验，均不免除承包人的质量责任。因此，承包人应当保证采购的材料和工程设备或制造、生产的工程设备和材料符合设计要求、国家标准及合同约定。

监理人需严格按照设计要求和有关标准以及合同约定的标准对承包人材料和工程设备进行检验，如果监理人未能尽到合理的检验义务，导致承包人供应的不合格材料和工程设备用于工程，监理人也应当承担相应责任。

（4）材料与工程设备的保管与使用

无论发包人还是承包人采购的材料和工程设备，采购方均应当对材料和工程设备的使用负责。

发包人或监理人要求承包人进行修复、拆除或重新采购的标准为"不符合设计或有关标准要求"，合同当事人可在专用合同条款中对承包人提供的材料及设备应符合的标准进行明确，避免就此产生争议。

（5）禁止使用不合格的材料和工程设备

质量不合格的材料和工程设备由采购方负责。但如果监督管理方不严格履行相应的监督管理义务，从而导致不合格的材料和工程设备用于工程，也应当承担相应的民事责任、行政责任甚至刑事责任。

无论发包人、承包人还是监理人，均应当在自身责任范围内做好材料和工程设备的质量监督管理工作，严格履行质量责任和义务，以保证建设工程的质量。承包人明知发包人提供材料和工程设备质量不合格而仍然使用的，承包人应对其过错承担相应的违约责任。

（6）样品

样品是用来确定材料和工程设备的特征与用途，因此，无论承包人还是监理人均应当重视样品品质的确认和保管，以避免因样品品质不确定或不稳定导致合同争议。尚需强调的是，单凭样品不足以改变合同，如需调整合同，应当作出特别的约定。

为避免争议，发包人与承包人应当在专用合同条款中进一步就样品的确认和保管作出详细且易操作的约定，必要时可以委托由发包人与承包人共同选定的第三方对样品进行保管。如果样品的品质发生变化，则应当由承包人重新报送样品，由此增加的费用或延误的工期，由责任方承担。

（7）材料与工程设备的替代

材料与工程设备的替代，承包人应当以确有需要为原则。在确需使用材料和工程设备替代品的情况下，承包人应在使用替代材料和工程设备28天前书面通知监理人，通常应附替代品和被替代品的详细信息文件。

对于替代品的使用条件、程序、使用替代品的提前通知期、监理人发出指示的期限，合同当事人可以在专用合同条款根据工程具体情况进一步作出易于操作的约定。

（8）施工设备和临时设施

施工设备和临时设施如果约定由发包人提供，则合同当事人应当在专用合同条款中对发包人提供的施工设备或临时设施的种类、规格、型号、质量、期限、验收等作出明确的约定，并约定发包人不能提供应当承担的责任。为保证施工安全，承包人提供的施工设备和临时设施，应当接受监理人的核查。

如果承包人提供的施工设备不能满足合同约定的施工进度需要，为保证施工按合同计划进行，承包人应当主动更换或增加施工设备，监理人也有权要求承包人更换或增加，在监理人要求更换或增加的情况下，如果承包人没有合理的解释和适当的理由使发包人与监理人相信承包人施工进度和质量满足合同约定的要求，或实际上施工进度已经延误、施工设备已经影响了工程质量，则承包人应当予以更换或增加。由此增加的费用或延误的工期，由承包人承担。

国家对特种设备类的施工设备如塔式起重机、吊篮等的安装和使用均有特别规定，除了安装单位需具备相应资质外，承包人在安装和使用这类施工设备前，需向建设行政主管机关申请备案或审批，未办理相应备案或审批手续的，即使通过了发包人或监理人的审核，也不能投入使用。

（9）材料与设备专用要求

虽然基于材料与设备的专用要求，未经发包人批准，承包人不得撤走施工现场材料、设备、物品等，但若坚守本条款约定可能造成施工成本增加或损失扩大，双方应对本条款约定灵活适用，比如因发包人原因或其他发包人应当承担责任的事由，导致承包人较长时间窝工或停工的，毫无疑问会造成承包人设施设备闲置，如果仍然坚持承包人的设施设备需经发包人批准才能运离现场，则发包人将面临承担设施设备闲置费不断扩大的风险。为此，只要承包人施工进度和质量满足合同约定，则基于节约成本的考虑或避免损失扩大，发包人和承包人可在专用条款中对设施设备专用于工程及特殊情况的处理作出更为详细、合理的约定。

 引导问题 17

《建设工程施工合同（示范文本）》中通用合同条款和专用合同条款对试验与检验的使用有什么规定？

_____

_____

_____

_____

 小提示

试验与检验共涉及试验设备与试验人员，取样，材料、工程设备和工程的试验和检验，现场工艺试验4项内容。

（1）试验设备与试验人员

合同当事人应当在专用合同条款中对需要由承包商在施工现场配置的试验场所、试验设备和其他试验条件以及对其的具体要求作出明确的约定。该事项为合同条款使用过程中的重点，合同当事人务必对此作出尽可能具体明确的约定，以避免在施工过程中产生不必要的争议。

承包人应向监理人提交试验设备、取样装置、试验场所和试验条件的"相应进场计划表"及试验人员的"名单及其岗位、资格等证明材料"，但未同时明确规定承包人提交这些材料的时间要求，合同当事人在签订合同时应当注意该问题并作出明确约定。

承包人提供的材料，其检验试验费用通常由承包人承担并已包括在合同价格中。发包人提供的材料，承包人仍应按照合同约定的标准进行检验试验，符合要求的方可使用，但检验试验费用一般由发包人承担。

试验人员必须具备相应的资格，能够熟练检测试验，试验人员要对试验程序的正确性负责。本条款约定的检测机构应当是具备相应的资质和能力的工程质量检测机构。

（2）取样

合同当事人应注意取样见证人员应具备相应的资格和能力，并保证取样见证的程序符合法律的规定，尤其是《房屋建筑工程和市政基础设施工程实行见证取样和送检的规定》

的相关规定。

关于不同产品和项目的取样国家一般都有明确的规范或要求，因此合同条款关于取样的规定比较简要。如果发包人对此有特殊要求，需要进行具体规定时，应当在专用合同条款中予以明确约定。

若国家法律法规、强制性标准、有关行政规章对试验和取样有相关规定，也必须遵守。

（3）材料、工程设备和工程的试验和检验

材料、工程设备和工程的试验和检验的具体范围，由法律、法规、规章和工程规范等规定以及合同约定，没有规定和约定的，不需要进行材料、工程设备和工程的试验和检验。

如果发包人或监理人指示的检验和试验范围超出法律与合同约定的范围，承包人应当实施，但是，由此增加的费用和延误的工期，由发包人承担。

无论是承包人自检、监理人抽检、监理人与承包人检验或试验，主持与参与的单位和人员都应当严格遵守法律法规和行政规章的规定，遵守相应的操作规范，不能进行任何违规操作或欺诈行为，以保证检验与试验的过程客观、严谨、有效、公正，否则，可能导致检验或试验的结果无效，并承担相应的法律责任，因此引发质量事故的，更要受到法律的严厉追究。

合同当事人可以在专用合同条款增加试验通知义务、通知时限、通知内容等以及相关时间要求，如承包人提供必要的试验资料和原始记录的时间要求、承包人有异议申请重新共同进行试验的时间要求及承包人自检后将试验结果送监理人的时间要求等条款，以保证其可操作性。

（4）现场工艺试验

法律规定或合同约定的工艺试验，承包人应当根据要求实施，并且由承包人承担相应的费用和工期。监理人要求的工艺试验，承包人也应当实施，但是，工艺试验的费用和工期应当由发包人承担。

发包人如果需要安排超出法律强制性规定的工艺试验，应当在专用合同条款中对该工艺试验义务及其费用承担予以明确约定，以免事后发生纠纷。

监理人超出法律规定和合同约定要求实施的工艺试验，承包人也应当实施，但是，承包人应当按照合同关于索赔的规定，及时索赔由于实施工艺试验而增加的相应费用和工期。

《建设工程施工合同（示范文本）》中通用合同条款和专用合同条款对于变更的使用有什么规定？

变更共涉及变更的范围、变更权、变更程序、变更估价、承包人的合理化建议、变更引起的工期调整、暂估价、暂列金额和计日工 8 项内容。

(1) 变更的范围

变更发生的时间应当为合同履行过程中，而非订立合同阶段；严格控制变更的范围，尤其是取消工作的变更事项，不得出现由发包人自行实施或交由第三人实施的情形，并同时符合法律的其他规定。

结合具体工程的情况，明确在专用合同条款中是否需要对变更范围进行调整和补充。需要前往当地建设行政主管部门进行备案监管的变更事项，应当遵循当地建设行政主管部门的规定要求，前往当地主管部门进行备案。

(2) 变更权

鉴于发包人为工程的投资主体，且并非为专业工程技术人员的法律定位，从控制投资总额、顺利推进项目、实现工期目标等出发，发包人应当谨慎使用变更权。在行使变更权时，应当充分征询设计人、监理人、承包人的意见，尽量确保变更在最小限度内影响工程造价和工期的变化。

发包人在批准变更前，应当对变更引起的造价调整、工期变化等方面有充分的估算，以便与承包人尽快达成变更估价的一致，并促使承包人尽快实施变更。

发包人在批准变更后，应敦促和告知监理人尽快向承包人发出指示，并在相应的监理合同中对监理人的履约义务进行约束。

对于涉及重大的设计变更事项，尤其是法律法规规定需要到有关规划设计管理部门进行审批核准的重大设计变更，设计人应当予以释明，发包人需要完成该审批事项的报批。

承包人在接受变更指示时，严格把握以收到监理人出具的经发包人签认的变更文件为准。实践过程中，经常有承包人反映，施工过程中就同一事项会收到来自发包人、监理人和设计人的不同指令或指示，导致不知如何适用。承包人在任何情况下，不得擅自变更，也不得未经许可，擅自实施变更。

(3) 变更程序

发包人提出变更，包含了设计人发起和发包人单独发起等情形，也包含了提出和执行变更过程中的要求。作为发包人一方，应当注意的是其变更文件应该清晰、明确、具体，否则容易引起变更过程中的争议。

本条款强调变更指示由监理人发出经发包人签认的文件，尽管是发包人同意的文件，但依然考虑监理人作为"文件传递中心"的合同管理地位，以实现合同管理的高效集约，同时也为监理人实践其法定义务和约定义务提供可行性基础。

承包人收到变更指示后，应当即刻安排人员认真分析，并作出是否立即执行的决定。如果变更存在不合理性或错误，承包人应立即提出异议，并附加合理化建议或不能执行的技术资料、详细说明等。

承包人接受变更指示且准备执行的，应当及时将与变更有关的估算、工期影响、现场安排、技术措施等方面内容提交书面报告至监理人和发包人，发包人和监理人收到承包人关于变更估算的报告后，应当及时予以审核批复，并与当期工程款一并予以支付。

合同当事人在执行本条款条文时，可以在专用合同条款中具体约定相关程序的时限要求及逾期的法律后果和责任等，如承包人提出不能执行该变更指示理由的期限或书面说明实施该变更指示对合同价格和工期影响的期限等方面。

（4）变更估价

监理人在发出变更指示时，应当进行初步估价，便于及时评估承包人的报价以及变更可能产生的影响。

变更估价一般可按照下列约定处理。

已标价工程量清单或预算书有相同项目的，按照相同项目单价认定；

已标价工程量清单或预算书中无相同项目，但有类似项目的，参照类似项目的单价认定；

变更导致实际完成的变更工程量与已标价工程量清单或预算书中列明的该项目工程量的变化幅度超过15％的，或已标价工程量清单或预算书中无相同项目及类似项目单价的，按照合理的成本与利润构成的原则，由合同当事人商定或确定变更工作的单价。

（5）承包人的合理化建议

承包人作为有专业经验一方，应当积极研究工程建设项目的特点和具体施工环境及施工条件，从价值工程的角度出发，提供最有利于项目建设和经济效益最大化的方案与建议，尤其对明显存在的设计缺陷和不合理的发包人要求，应当提出合理化建议。

当事人双方均应当注意承包人提出的合理化建议，如果意见不一致，必要时，可以组织设计、监理、工程造价等各方面的专家进行论证，以实现最优方案。一旦承包人建议获得认可，承包人应当对其提出的方案承担相应的责任。

若不能按照《建设工程施工合同（示范文本）》通用合同条款中约定的时间完成合理化建议审批，当事人双方应当注意在专用合同条款中协商约定可以实现的时间。

（6）变更引起的工期调整

变更引发的工期调整往往容易引起合同当事人的争议，从发包人的角度，应当在签认变更时预判其对工期的影响，当然，发包人需要委托监理人和设计人以及其他专家提供专业意见。

承包人作为有经验一方，应当做好工程项目的进度管理和技术管理。目前国内工程实践过程中，承包人往往不能对工程建设的资源和工序做到细致完善的计划，同时在施工过程中又不能根据变更和工作计划的调整进行相应的进度调整，造成工程管理粗放，经常出现赶工、窝工、材料浪费等现象，从一定程度上加大了承包人不必要的投入，经济效益受到严重影响，若处理整改不当，恶性循环，最终造成巨大亏损。因此，只有做好项目管理，才有可能对变更引起的工期调整提出客观事实依据，进而确保发包人了解其主张以及其主张的依据，并最终同意合同价格和工期调整的主张。

承包人应当在项目管理的基础上，针对工期调整做好详细的资料准备工作，并提供计算依据和相应的佐证附件，具体包括变更单、进度计划网络图、变更工程量计算明细、工期调整计算明细、工期调整引发合同价格调整的说明等方面内容。

如果合同当事人对变更引起的工期调整的调整依据、提出期限及逾期提出的后果等方面内容有专门约定的，可以另行补充约定。

（7）暂估价

发包人在招标投标和订立合同过程中，应当首先确定其工程项目是否存在暂估价项目，按照国家法律规定，其规定的暂估价项目应当符合当地建设主管部门规定，包括项目内容、金额、重要性程度等，如北京市规定暂估价项目金额不得超过合同价格的30%等。

发包人确定暂估价项目之后，应当区分暂估价项目中的依法必须招标的项目和非依法必须招标的项目，继而确定相应暂估价项目的具体实施方式。

发包人应当在其招标文件或合同文件中明确约定其暂估价的具体实施方式，如是否委托承包人组织招标、选择招标代理机构等。

承包人应当根据发包人确定的暂估价明细和具体实施方式，在投标阶段合理报价，并在组织暂估价项目的实施过程中，尽到提示、告知、谨慎的合作义务，合理安排或约定各方当事人的正当义务与权利，避免因发包人主观而出现招标失误、流标以及后期项目管理失控的局面。

（8）暂列金额和计日工

发包人关于零星工作或其他使用暂列金额的项目应当在招标文件或专用合同条款中明确约定，以免造成合同价格重复计算，且发包人要求应当明确具体。

鉴于合同条款中关于计日工的计价规则约定，合同当事人应当在已标价工程量清单或预算书中列明相应的计日工单价，或者在采用计日工计价方式实施某项工作之前，确定相应的计日工单价，以避免出现无相应的计日工单价而导致双方在确定计日工价款问题上产生争议。

采用计日工计价方式实施的大部分工作为零星工作或变更，从合理与公平的角度出发，应当做到当期发生、当期计量。为此，合同当事人在签订合同时需要注意明确规定监理人和发包人审查、批准的期限，包括监理人对承包人每天提交的资料的审查期限，以及监理人、发包人对承包人汇总的计日工价款的审查、批准期限。

鉴于计日工的零星用工特点，通常与工人的结账需要比较快捷，因此，合同当事人应当做到及时支付，以免造成迟延支付零工工资而产生其他社会问题。

 引导问题19

《建设工程施工合同（示范文本）》中通用合同条款和专用合同条款对价格调整的使用有什么规定？

_____

_____

_____

_____

 小提示

价格调整共涉及市场价格波动引起的调整和法律变化引起的调整两项内容。

（1）市场价格波动引起的调整

发包人应当首先确定合同价格的调整机制，需要研究分析的问题包括中标签约价与合同价格形式的关系、拟建工程招标中最高投标限价的合理性、市场近期价格波动状况、工

程技术难易程度等方面，继而确定是否采用价格调整机制，以及如果采用该种机制，选用何种调价方式、如何确定市场价格波动幅度以及是否需要采用专用合同条款约定的其他方式等，对于招标发包的项目，这些事项应当在招标文件中先行确定。

承包人在招标投标和订立合同过程中，应当非常谨慎地对待合同中约定的价格调整条款的规定，并针对混淆与不清晰之处及时提出澄清请求。合同履行过程中，应当严格遵守合同约定，及时收集与调整价格有关的信息与资料，并及时提交监理人和发包人。

（2）法律变化引起的调整

发包人应当首先确定哪些为合同约定的"法律"，以及还需要在专用合同条款作出哪些约定，以便于确定合同价格的法律风险范围，当然在确定"法律"的范围时，应当以合理、承包人可以预见为前提进行"法律"风险的分担。

对于法律变化引起的价格调整，需要合同当事人引起重视的是必须收集截止基准日期之前的相关法律规定与文件资料，尤其是承包人，在编制投标文件和合同履行时，需要及时与基准日期之前的法律文件相比，提出有依据的主张方可适用价格调整。

引导问题 20

《建设工程施工合同（示范文本）》中通用合同条款和专用合同条款对合同价格、计量与支付的使用有什么规定？

_____

_____

_____

_____

小提示

合同价格、计量与支付共涉及合同价格形式、预付款、计量、工程进度款支付和支付账户 5 项内容。

（1）合同价格形式

使用过程中，应当注意拟建项目的合同价格形式以及具体约定的内涵，对于单价合同，尤其要注意风险范围的界定，特别对于法律变化引起的合同价格的调整，应该进行明确规定。

无论是单价合同形式，还是总价合同形式，除非极少数技术简单和规模偏小的项目，合同结算价格一般均与签约合同价格不同，因此，凡是引起合同价格变化的因素，在合同履行过程中均应当引起重视，并保留完整的工程资料，以便确定工程造价和控制工程成本。

（2）预付款

如采用预付款担保，则需要在工程进度款中抵扣预付款后，相应减少预付款担保的金额，如果采用保函方式，应当前往保函出具方处完善相关的手续。

在签订施工合同时还应注意在专用合同条款中对以下事项作出具体、明确的约定，以增强该款的操作性和执行性，减少不必要的争议和纠纷。

1）发包人是否支付预付款，预付款的支付比例或金额，预付款的支付时间，需注意所约定的预付款支付时间应满足"至迟应在开工通知载明的开工日期前 7 天前支付"的要求。

2）预付款是否抵扣以及预付款扣回的具体方式。

3）是否需要承包人提供预付款担保，如需要的，承包人提供预付款担保的时间、预付款担保的形式等内容均需明确。

如发包人没有按约定支付预付款，承包人基于合同履行的诚实信用原则，应当先行催告，如经发包人催告后仍未支付预付款，承包人有权在催告后合理时间内行使抗辩权。

（3）计量

计量工作与分部分项验收紧密相关，发包人和承包人均应确保质量验收与计量的及时性，否则相关工作量不便于检测和复测。尤其是对隐蔽工程的计量，隐蔽工程在施工完成并经验收合格后需要进行覆盖，而一旦覆盖，就会失去对其进行工程计量的条件，因此，对隐蔽工程的计量，必须在隐蔽工程覆盖之前完成。

《建设工程施工合同（示范文本）》在通用合同条款中对于计量程序和规则进行了一般性约定，但合同当事人仍然可以自行在专用合同条款中针对不同项目的情况，特别约定其计量工作事项，主要有：

1）工程量计算规则所依据的相关国家标准、行业标准、地方标准等；

2）工程计量的周期；

3）单价合同计量的具体方式和程序；

4）总价合同计量的具体方式和程序；

5）如双方采用其他价格形式合同的，其他价格形式合同计量的具体方式和程序；

6）其他在计量中需要特别约定的事项。

（4）工程进度款支付

应当了解和熟悉该款与之前国内外施工合同示范文本相关规定的不同或创新之处，包括对于发包人怠于审查承包人进度付款申请单的，该款设立了默示机制，即发包人逾期未完成审查且未提出异议的，视为已签发进度款支付证书；对于合同当事人对进度付款金额有异议的，建立了对无异议部分签发临时付款证书的机制，最大限度减少拖欠工程款；发包人逾期支付进度款，需按银行同期同类贷款基准利率的 2 倍支付违约金。在合同履行过程中，各方应当充分利用上述创新之处维护自身的利益。

应当注意支付周期的约定，实际上可以采用按月支付，也可以采用按节点或按形象进度进行进度款的支付，合同当事人可以在专用合同条款中另行约定。

鉴于支付分解表对资金管理计划和支付的重要作用，承包人在编制支付分解表时应当结合相应的项目管理文件全面仔细测算，发包人和监理人也应认真核对相关支付的依据性资料，做到与进度计划、资源投入相匹配。

支付分解表应当与进度计划和施工组织设计同步修订，方可作为支付进度款的依据。

合同当事人在签订施工合同时还应注意在专用合同条款中对以下事项作出具体、明确的约定，以增强该款的操作性和执行性，减少不必要的争议和纠纷。

1）工程进度款的付款周期。

2）进度付款申请单应当包括的内容。

3）如双方采用其他价格形式合同的，其他价格形式合同的进度付款申请单的编制和提交程序。

4）监理人、发包人收到承包人进度付款申请单以及相关资料后的审查（并报送）、审批（并签发进度款付款证书）的期限要求。

5）发包人支付工程进度款的期限要求，及发包人逾期支付进度款时的违约责任。

6）总价合同支付分解表的编制与审批要求，支付分解表应当与进度计划和施工组织设计同步修订，方可作为支付进度款的依据。

7）单价合同的总价项目支付分解表的编制与审批要求，其中须特别注意支付的审批，《建设工程施工合同（示范文本）》在迟延支付进度款条文中设立了双倍迟延支付利息的制度。

（5）支付账户

合同当事人应当在合同协议书中明确承包人账户，具体包括开户单位名称、开户银行、账户号码等内容。由承包人分公司或其他事业部等机构组织实施的项目，发包人对承包人账户的确认应当严格按照签约主体执行，避免出现付款错误或其他欺诈行为的发生，继而引发法律纠纷。

承包人如因经营需要将工程款项支付至其他指定单位账号时，应当提出书面申请，并将委托收款人的账号全部信息提供给发包人，并由承包人单位法定代表人或授权代表签字并盖章后方可。

在实际适用该款规定时，除了需要在合同协议书中明确承包人的收款账户之外，还应对发包人违反该款规定的合同价款支付方式应承担的责任和后果作出明确约定。

《建设工程施工合同（示范文本）》中通用合同条款和专用合同条款对验收和工程试车的使用有什么规定？

_____

_____

_____

_____

验收和工程试车共涉及分部分项工程验收、竣工验收、工程试车、提前交付单位工程的验收、施工期运行和竣工退场 6 项内容。

（1）分部分项工程验收

在分部分项工程验收过程中，合同当事人以及监理人应严格按照国家有关施工验收规范、标准及合同约定进行分部分项工程的验收。

分部分项工程未经验收合格不得允许进入下一道工序施工，否则应承担相应的责任，造成安全事故或质量事故的，还应承担行政责任甚至刑事责任。

承包人须在自检合格的基础上，通知监理人验收，监理人未参与验收，应认可承包人自验结果，作为下一道工序施工的依据。

（2）竣工验收

工程存在部分甩项工程未完工或缺陷修补工程未完成，在发包人同意甩项竣工验收的情况下，不影响工程的竣工验收。承包人应当对甩项工程或缺陷修补工程编制施工计划并限期完成，合同当事人可在专用合同条款中对甩项工程进行具体约定。

在承包人提交竣工验收申请报告后，监理人和发包人应当及时进行审核，认为尚不具备验收条件的，应及时提出整改意见，认为具备验收条件的，应及时组织竣工验收。否则，发包人如在监理人收到承包人提交的竣工验收申请报告后 42 天内，无合理理由未完成工程验收的，以提交竣工验收申请报告的日期为实际竣工日期。

工程移交并不意味着承包人义务的全部完成。工程竣工验收合格和移交，标志着承包人的主要合同义务已经完成，对承发包双方约定甩项验收的甩项工程、缺陷修补工程，应按约定的进度计划继续履行约定义务，同时按照法律与合同约定履行对工程进行保修的义务等。

如果当事人对工程竣工验收程序有特殊要求，以及对发包人不按照合同约定组织竣工验收颁发工程接收证书的违约责任有其他约定的，应在专用合同条款中明确。

发包人和监理人在收到承包人提交的竣工验收申请报告后应及时进行审查并予以答复，尚不具备竣工验收条件的，应当及时通知承包人予以整改，以利于及时完成工程竣工验收。承包人不同意发包人和监理人的审查意见或答复，可以向发包人和监理人提出异议，异议成立的，发包人和监理人应当修改审查意见或答复，具备验收条件的，应当及时组织完成竣工验收；异议不成立的，承包人应当按照审查意见或答复，进行整改。

合同当事人可以约定承包人整改的次数，避免无休止地整改，导致合同当事人权利义务长期悬而未决，影响合同目的的实现。发包人和监理人可以对承包人整改的期限作出要求，但该期限应不短于承包人整改所需的合理时间。

承包人未能在发包人和监理人指定的期限内完成整改，或经整改后，工程仍未能通过竣工验收的，则发包人有权委托第三方代为修缮，由此增加的费用和（或）延误的工期应由承包人承担。如果合同约定的质量标准较高，但工程验收未能达标，合同当事人可以协商降低质量标准，并相应扣减合同价款，但降低之后的质量标准不能低于国家规定的强制性标准和要求。

（3）工程试车

为了清楚界定合同当事人在工程试车中的义务、责任和费用承担，合同当事人应当在专用合同条款中对工程试车进行更为明确的约定，内容包括工程试车的具体内容、流程、在试车过程中当事人各自的权限以及责任和义务等。

除非合同当事人在专用合同条款中另行约定，否则无论是单机无负荷试车，还是无负荷联动试车，试车费用均由承包人承担，承包人应在投标报价时考虑此部分试车费用。合同当事人在签署设计合同、设备采购合同、技术服务合同时应注意与本条款关于工程试车的衔接。

合同条款针对不同的投料试车结果，约定了不同的责任承担方式。投料试车合格的，费用由发包人承担；因承包人原因造成投料试车不合格的，承包人应按照发包人要求进行整改，但由此产生的整改费用由承包人承担；非因承包人原因导致投料试车不合格的，承包人应按照发包人要求进行整改，但由此产生的费用和延误的工期由发包人承担。

（4）提前交付单位工程的验收

交付单位工程应当符合法律要求，对于法律规定不能单独交付的单位工程，则不应当提前验收交付。提前交付单位工程的，该单位工程的保修期，应当从单位工程竣工验收合格时起算。

（5）施工期运行

施工期运行必须确保工程安全，如果影响工程安全，发包人不能要求提前运行部分单位工程或工程设备。合同当事人在专用合同条款中明确进行施工期运行的单位工程或者工程设备的范围，以及由此增加的费用和（或）延误的工期的承担方式。

（6）竣工退场

通用合同条款没有明确承包人完成竣工退场的具体期限，该期限由合同当事人在专用合同条款中结合工程具体特点予以明确。承包人应当保留未完成甩项工作和保修工作的必要的人员、工程设备和设施，发包人应当为承包人履行这些后续义务，为进出和占用现场提供方便和协助。在承包人逾期退场，发包人处理承包人遗留在现场的物品时应当慎重。原则上，发包人应首先通知承包人自行处理，承包人在指定的合理期限内仍不处理的，发包人有权出售或另行处理，包括进行拍卖、提存等。为了避免现场遗留物品的种类、数量产生争议，发包人最好在公证机关在场的情况下对承包人遗留在现场的物品进行清理。

 引导问题 22

《建设工程施工合同（示范文本）》中通用合同条款和专用合同条款对竣工结算的使用有什么规定？

_____

_____

_____

 小提示

竣工结算共涉及竣工结算申请、竣工结算审核、甩项竣工协议和最终结清4项内容。

（1）竣工结算申请

承包人应在合同约定的时限内及时提交竣工结算申请。合同当事人可以根据工程性质、规模在专用合同条款中约定具体时间，因承包人原因延迟提交竣工结算资料的，应承担不利后果。如果因承包人原因怠于提交结算申请资料，超出竣工验收合格28天报送结算的，发包人对此不承担责任。特别是在诉讼中承包人主张工程结算款利息的，发包人可以就承包人迟延报送结算提出抗辩。

承包人申请竣工结算时需提交竣工结算申请单和完整的结算资料。合同当事人也可以在专用合同条款中约定结算资料的内容，包括符合合同约定的索赔资料。

工程竣工结算报告由承包人编制，承包人编制结算报告，尽可能详尽、齐全，特别是

索赔价款，包括逾期付款违约金、工期赔偿金等。一旦竣工结算被双方确认，任何内容的疏漏都难以调整。

承包人在施工过程中，应做好工程资料的整理归档工作，以便为编制竣工结算申请单和结算资料提供基础资料。避免因资料缺失，使合同当事人对工程竣工结算产生分歧。

承包人提请结算的前提是工程竣工验收合格，具体期限是竣工验收合格之日起28天内。一般而言，如工程未经竣工验收合格承包人主张结算价款的，发包人享有先履行抗辩权。

需要特别强调的是，在《建设工程施工合同（示范文本）》中，关于结算申请单应包括的内容，作了除外规定，即已缴纳履约保证金的或提供其他工程质量担保方式的，结算申请单中可不包括"应扣留的质量保证金"内容。

（2）竣工结算审核

建设工程的发包人应当严格按照合同约定的期限审核承包人报送的结算。该期限为28天，该期限内发包人既要完成结算审核，同时又要完成竣工付款证书的签发。如果承包人将结算申请单报送监理人，监理人在收到后14天内完成审批并报送发包人，发包人在14天内完成审核；如果承包人将结算直接报送发包人，则发包人在收到结算申请单后28天内完成结算审核，至于发包人是否将收到的结算申请转送监理人审批以及发包人与监理人之间关于审批时间的分配，不影响结算审核期限的计算。

承包人应当确保报送的结算申请单内容完整，数据真实准确。如监理人或发包人对竣工结算申请单有异议的，有权要求承包人进行修正和提供补充资料，承包人有义务按照要求提交修正后的竣工结算申请单。结算审核期限自承包人提交修正后的竣工结算单之日重新起算。

发包人逾期审批结算且未提出异议的，其法律后果为工程款结算金额以承包人报送的结算申请单载明的结算金额为准，自承包人报送结算申请单第29日起视为已签发竣工付款证书，发包人应在承包人报送结算申请单第43日内按照承包人报送的结算金额完成工程款支付。

发包人逾期付款违约金计算标准分两种情况：逾期付款56天以内的，按照中国人民银行发布的同期同类贷款基准利率支付违约金；逾期付款超过56天的，按照中国人民银行发布的同期同类贷款基准利率的两倍支付违约金。

承包人对发包人签发的工程竣工付款证书有异议的，应当及时提出。期限为自收到签发的竣工付款证书后7天内。承包人逾期未提出异议的，视为认可发包人的审核结果。

为及时固定当事人结算成果，逐步缩小争议，本条款约定了临时竣工付款证书制度。即承包人对发包人签发的竣工付款证书有异议的，发包人可以先就无异议部分签发临时竣工付款证书，可先按该临时竣工付款证书支付工程款，双方仅对有异议部分另行协商。异议部分达成一致后，再出具最终竣工付款证书。

（3）甩项竣工协议

当事人确定的甩项工程应以不影响工程的正常使用为前提，即甩项工程应是零星工程、辅助性工程，不会对工程整体的正常使用产生不利影响。

因特殊原因工程需要甩项竣工的，当事人应当另行订立甩项竣工协议，并就工作范围、工期、造价等进行协商，签订甩项竣工协议，明确双方责任和工程价款的支付方法。同时，甩项竣工验收应当符合法律、行政法规的强制性规定，甩项竣工应当以完成主体结构工程为前提，甩项的工作内容不应包括主体结构和重要的功能与设备工程，否则会影响甩项竣工协议的合法性、有效性。

发包人提出甩项竣工符合法律规定的，承包人应当予以协助和配合完成甩项竣工，以适时地实现合同目的。承包人应当衡量甩项竣工对其合同履行的影响，并从专业角度提出实施的建议。

甩项竣工属于合同的重大变更，甩项竣工协议中应当详细约定已完工程结算、甩项工程合同价格、已完工程价款支付、工期、照管责任、保修责任等内容。

（4）最终结清

承包人在缺陷责任期终止证书颁发后 7 天内向发包人提交最终结清申请单。需注意的是，如果发包人在缺陷责任期届满后未在合同约定期限内向承包人颁发缺陷责任期终止证书，承包人可以催告其签发。发包人无正当理由拒不颁发缺陷责任期终止证书的，不影响承包人向其报送最终结清申请。

如果因承包人自身原因迟延提交最终结清申请，需自行承担因迟延审批造成的损失。

发包人收到承包人提交的最终结清申请单后 14 天内完成审批并向承包人颁发最终结清证书。逾期未审批批准或提出异议的，视为接受承包人的申请，发包人应在最终结清证书颁发后 7 天内完成支付。

发包人对最终结清申请单内容有异议的，有权要求承包人进行修正和提供补充资料，承包人应向发包人提交修正后的最终结清申请单。审批时限自承包人提交修正后的最终结清申请单之日起计算。

承包人若对发包人最终结清证书有异议，可以协商解决，协商不成也可以按照争议解决条款处理。

引导问题 23

《建设工程施工合同（示范文本）》中通用合同条款和专用合同条款对缺陷责任与保修的使用有什么规定？

_____

_____

_____

小提示

缺陷责任与保修共涉及工程保修的原则、缺陷责任期、质量保证金和保修 4 项内容。

（1）工程保修的原则

当事人应当正确理解缺陷责任期与保修期的概念，区分质量缺陷修复义务与保修义务。工程保修阶段包括缺陷责任期与工程保修期。在缺陷责任期限内，承包人当然承担保修义务，即缺陷责任期内，承包人的保修责任与缺陷修复责任是重合的。

应当区别质量保证金与保修费用。质量保证金不是保修费用，而是为了保证承包人履行质量缺陷修复责任而提供的保证金，具有担保的性质。因此，该金额虽然由发包人预先扣留，但仍为承包人所有。如果承包人经通知不履行缺陷修复义务，则发包人可以委托他人修复，并从中扣除修复费用，在缺陷责任期届满后将剩余部分退还承包人。

关于缺陷责任期的期限，如前所述，质量保证金实质为承包人保证向发包人履行保修义务而提供的担保，根据《最高人民法院关于适用〈中华人民共和国担保法〉若干问题的解释》第三十二条规定，保证合同约定保证人承担保证责任直至主债务本息还清时为止等类似内容的，视为约定不明，保证期间为主债务履行期届满之日起2年。《建设工程质量保证金管理办法》第二条规定，缺陷责任期一般为1年，最长不超过2年，由发承包双方在合同中约定。因此，本条款中的缺陷责任期，类似于保证期间，当事人应在专用合同条款中作出约定，但应注意约定期限不得超过2年。

（2）缺陷责任期

承包人应承担的责任范围为：

1）缺陷责任期内发生由承包人原因造成的缺陷时，承包人有义务负责维修，也有权利选择自行维修或愿意承担费用让发包人委托第三方进行维修。但仅在承包人不维修也不承担费用时，发包人方可委托第三方维修，发生的费用可从质量保证金里扣除。当然，紧急状态下承包人来不及进行维修的，发包人可自行或委托第三方维修，发生的费用当由承包人承担，但发包人应提供足够的理由。

2）承包人承担的费用包括缺陷鉴定费用及维修费用。缺陷鉴定一般由发包人发起，当鉴定结果认定为承包人原因造成的缺陷时，该鉴定费用由承包人承担，否则不予承担。缺陷维修如由承包人实施，维修费用由承包人自行承担，并不能要求在质量保证金里抵扣。在承包人不维修也不承担费用时，发包人委托第三方维修，发生的维修费用包括支付第三方的合理利润。

3）承包人应对工程的损失承担赔偿责任。发包人对所受损失及因果关系承担举证责任。

通常情况下，发包人并没有随意延长缺陷责任期的权利。仅在同时具备以下两种条件下可以根据缺陷造成的后果的严重程度要求延长：①缺陷是由承包人原因造成的；②特别严重的缺陷，致使工程、单位工程或某项主要设备不能按原定目的使用。具体引起缺陷责任期延长的事项应由双方在专用合同条款中约定。

（3）质量保证金

未在专用合同条款中明确扣留质量保证金的，发包人不得私自扣留。承包人提供履约担保覆盖的期间内，发包人不得在进度款中扣留质量保证金。

关于质量保证金的去和留，如果在专用合同条款中未明确具体方式，默认的方式为在支付工程进度款时逐次扣留。质量保证金的计算基数不包括预付款的支付、扣回以及价格调整的金额，即只与结算合同价款有关。

同时，合同条款给出以质量保证金保函替换质量保证金的途径，承包人可在监理出具发包人签认的竣工付款证书后28天内提交相应金额的质量保证金保函，替换发包人扣留的质量保证金。

发包人扣留质量保证金实际上占用了承包人的资金，发包人在缺陷责任期届满时应同时按照中国人民银行发布的同期同类贷款基准利率支付利息、承包人无须对发包人是否实际使用了质量保证金举证。

（4）保修

保修期的起算分两种情况：工程经竣工验收合格的，自竣工验收合格之日起算；工程未经竣工验收发包人擅自使用的，自转移占有之日起算。需要注意的是，工程经竣工验收合格的情况下，保修期的起算时间与缺陷责任期的起算时间一致，仅用语表述不一致。

1）修复费用的承担。根据导致缺陷、损坏发生的责任主体，分为因发包人原因、承包人原因以及第三方原因3种情形。除因承包人原因导致缺陷、损坏的，承包人需承担修复责任并支付费用外，因发包人原因、第三方原因导致缺陷、损坏的，发包人应当承担修复费用并支付合理利润。因工程的缺陷、损坏造成的人身伤害和财产损失由责任方承担。

2）发包人的通知义务。在保修期内，发包人在使用过程中，发现已接收的工程存在缺陷或损坏的，除情况紧急必须立即修复缺陷或损坏外，发包人有义务书面通知承包人予以修复。

因承包人原因造成工程的缺陷或损坏的，发包人有义务先通知承包人进行维修，只有承包人拒绝维修或未能在合理期限内修复缺陷或损坏，且经发包人书面催告后仍未修复的，发包人有权自行修复或委托第三方修复。

3）承包人履行维修义务时的出入权。由于工程移交发包人投入使用以后，发包人已经开始正常的生产经营活动并控制现场，此时承包人因履行质量保修义务需进入现场时，应当征得发包人同意，且不应影响发包人正常的生产经营。特别是涉密工程，承包人进入现场前不仅须征得发包人同意，还应就有关保安和保密事项与发包人达成一致。

引导问题 24

《建设工程施工合同（示范文本）》中通用合同条款和专用合同条款对违约的使用有什么规定？

_____

_____

_____

小提示

违约共涉及发包人违约、承包人违约和第三人造成的违约3项内容。

（1）发包人违约

合同当事人可以在专用合同条款中列举发包人其他违约行为，并可以在专用合同条款约定其他违约责任承担方式，如一定比例的违约金。

在发包人拒不纠正其违约行为的情况下，合同条款赋予了承包人相应的停工权，但该停工权的行使应受发包人违约行为的性质、范围和严重程度的制约。如发包人自行提供的门窗质量不合格，经承包人书面通知后28天内仍未纠正的，承包人仅有权暂停门窗的安装工作，但不得以此为由暂停其他工作，如暂停全部工程等，否则由此造成工期延误的，承包人仍需承担相应责任。

合同当事人可以在专用合同条款中逐项约定具体违约行为的违约责任承担方式和违约

金计算方式，但关于违约金的约定应符合法律规定。合同履行过程中，不论哪方发生违约情形，都应及时收集和整理有关证明资料，且应及时对违约行为进行纠正，以定纷止争及促成合同的顺利履行。

承包人应对发包人违约是否足以致使合同目的不能实现承担证明责任，如果承包人无法提供有效证明资料予以佐证，则需要承担违约解除合同的不利后果。

承包人解除合同的通知应以书面形式送达发包人，不送达发包人的，不产生解除合同的法律效果，承包人应按照施工合同约定的送达地址和送达方式送达发包人，如果没有约定地址的，应该按照发包人的注册地址或办公地址送达。

解除合同后，合同当事人应及时核对已完成工程量以及各项应付款项，尤其是承包人应及时统计各项费用及损失，并准备相应的证明资料。核对无误的款项，发包人应及时予以支付，存在争议的款项，可以在总监理工程师组织下协商确定，也可以自行协商解决或按争议条款解决处理。

发包人按照合同条款约定支付应付款项的同时，还应退还质量保证金、解除履约担保，但有权要求承包人支付应由其承担的各种款项，如应承担的水电费、违约金等。

（2）承包人违约

合同当事人可以在专用合同条款中列举承包人其他违约行为，并可以在专用合同条款约定违约责任承担方式，如一定比例的违约金。承包人应按照监理人的整改通知，积极纠正违约行为，避免损失的扩大。监理人的整改通知应当载明违约事项、整改期限及要求，并要求承包人予以签收，整改完成后，监理人和承包人应进行复核。

合同当事人可以在专用合同条款中逐项约定具体违约行为的违约责任承担方式和违约金计算方式，但关于违约金的约定应当符合法律规定。

发包人应对承包人违约是否足以致使合同目的不能实现承担证明责任，如果发包人无法提供有效证明资料予以佐证，则需要承担违约解除合同的不利后果。发包人解除合同的通知应以书面形式送达承包人，不送达承包人的，不产生解除合同的法律效果。

发包人为了工程的继续施工需要，有权使用承包人在现场的材料、工程设备、施工设备以及承包人文件等，但应当支付相应对价，发包人继续使用的行为不免除或减轻承包人按照合同约定应承担的违约责任。

解除合同后，合同当事人应及时核对已完成工程量以及各项应付款项，并收集整理相应的文件资料。核对无误的款项，合同当事人应及时结清；存在争议的款项可以在总监理工程师组织下协商确定，也可以按争议条款解决方法解决。

合同解除后，发包人还应退还质量保证金保函、履约保函，当然，提前竣工验收合格的单位工程的质量保证金可以按照法律或质量保修书约定扣留。

（3）第三人造成的违约

施工合同履行过程中，经常会发生由于第三人原因，导致合同一方违约的情形。根据合同的相对性原则，一方当事人因第三人原因造成违约的，应先行按照合同约定承担违约责任，再行向第三人追偿，不得以第三人违约或侵权为由，拒绝承担相应的义务。

合同当事人按照合同约定向对方当事人承担违约责任，而不能直接追索合同相对方以外第三人的违约责任。合同当事人受到相对方追索的同时，应积极收集第三人造成违约的相关文件、资料，以便向第三人追偿。

引导问题 25

《建设工程施工合同（示范文本）》中通用合同条款和专用合同条款对不可抗力的使用有什么规定？

_____

_____

_____

_____

小提示

不可抗力共涉及不可抗力的确认、不可抗力的通知、不可抗力后果的承担和因不可抗力解除合同 4 项内容。

（1）不可抗力的确认

合同当事人可以在专用合同条款中约定不可抗力的范围。不可抗力事件的不可预见性和偶然性决定了人们不可能列举出全部，所以，尽管世界各国都承认不可抗力可以免责，但是没有一个国家能够确切地规定不可抗力的范围，而且由于习惯和法律不同，各国对不可抗力的范围理解也不同。一般来说，把自然现象及战争、瘟疫、动乱等看成不可抗力事件基本是一致的，而对上述事件以外的人为障碍，如政府干预、不颁发许可证、罢工、市场行情的剧烈波动，以及政府禁令、禁运及其他政府行为等是否归入不可抗力事件常引起争议。

（2）不可抗力的通知

遭受不可抗力一方合同当事人应按照合同约定的通知方式、地址，向另一方当事人和监理人提交书面通知。不可抗力持续发生的，应在不可抗力事件结束后 28 天内提交最终报告及有关资料。

合同当事人收到不可抗力的通知及证明文件后，应当及时对对方所称的不可抗力事实以及该事实与损害后果之间的联系进行核实、取证，以免时过境迁后难以收集证据。无论同意与否，都应及时回复。

（3）不可抗力后果的承担

合同条款约定了不可抗力发生的损失分担原则，合同当事人应该按照这个基本原则承担损失，合同条款中没有涉及的内容，可以在专用合同条款中另行约定。

合同当事人在确认不可抗力事件发生后，应该及时确认不可抗力造成的损失范围。对不可抗力事件发生前已完工程进行计量，并对不可抗力事件造成的具体损失进行统计。

当事人还应该及时评估不可抗力造成影响的大小，不可抗力对工程施工的影响程度，是否致使工程施工无法进行还是仅只需暂停部分施工，据此对合同后期履约作出安排。

（4）因不可抗力解除合同

在不可抗力事件造成合同解除的情形下，合同当事人应该作出明确解除合同的意思表示，并送达对方。根据该约定，只要一方当事人解除合同的通知到达对方，便发生解除合同的效力。解除合同的通知应该是书面的，并按照约定的地址送达对方，另一方接受该通知后，应该予以回复。

发包人支付款项的时间一般为 28 天，如果当事人有其他约定，可以在专用合同条款中约定，但是时间不宜约定太长。

引导问题 26

《建设工程施工合同（示范文本）》中通用合同条款和专用合同条款对保险的使用有什么规定？

_____

_____

_____

小提示

保险共涉及工程保险、工伤保险和其他保险，持续保险，保险凭证，未按约定投保的补救、通知义务 7 项内容。

（1）工程保险、工伤保险和其他保险

合同当事人可以在专用合同条款中对各方应当投保的保险险种及相关事项作出具体、明确的约定，包括各保险的保险范围、保险期间、保险金额（免赔额）、除外责任等与保险相关的事项。

合同当事人应当注意保险索赔与工程索赔之间的关系，特别是承包人在向保险公司进行索赔的过程中，应注意保留对发包人的索赔权利，防止在向保险公司索赔未果的情况下也丧失对发包人的索赔权利。

鉴于实践中存在着投保方无法按合理的商务条件进行投保或续保的情况，合同当事人应在专用合同条款中明确约定此种情况下风险的承担及后续处理方式。

（2）持续保险

鉴于工程项目的周期较长，在施工过程中也会存在工期延长、施工方案变更等情况，可能会导致工程保险的风险程度增加。合同条款旨在提示合同当事人应尽到将工程中出现的变动及时通知保险人的义务，同时提示合同当事人应注意勿因保险合同未及时续约而失去相应的保险利益。

（3）保险凭证

工程工期延长的，当事人应顺延保险合同的保险期间。如工程竣工之前，保险提前到期的，合同当事人应该及时续保，并向对方当事人继续通报续保事宜。发包人和承包人也应当相互提醒及时续保。当事人可以在专用合同条款中对保险凭证和保险单据复印件的提交时间及方式予以明确。

（4）未按约定投保的补救

发包人或者承包人违约不办理保险，另一方当事人可以先行提示，如对方仍不办理，承包人或发包人可以根据合同条款约定代为办理。在发包人或者承包人代为办理相应保险后，应保存保险单据、保险凭证和缴费单据，作为要求对方当事人承担保险费用的依据。

（5）通知义务

发包人和承包人可以在专用合同条款中约定合同当事人一方可单方变更保险合同的具体范围和内容，以及合同条款约定的通知方式和期限。对于保险事故发生后的通知义务，当事人可以在专用合同条款中约定通知方式和期限等内容。

《建设工程施工合同（示范文本）》中通用合同条款和专用合同条款对索赔的使用有什么规定？

_____

_____

_____

小提示

索赔共涉及承包人的索赔、对承包人索赔的处理、发包人的索赔、对发包人索赔的处理和提出索赔的期限 5 项内容。

（1）承包人的索赔

承包人应及时递交索赔通知书，避免因逾期而丧失索赔权利。

需注意索赔意向通知书和索赔报告内容上存在区别，通常递交索赔意向通知书时无须提交准确的数据和完整证明资料，仅需说明索赔事件的基本情况、有可能造成的后果及承包人索赔的意思表示即可；而索赔报告除了详细说明索赔事件的发生过程和实际所造成的影响外，还应详细列明承包人索赔的具体项目及依据，如索赔事件给承包人造成损失的总额、构成明细、计算依据以及相应的证明资料，必要时还应附具影音资料。

合同条款虽约定索赔意向通知书和索赔报告均应首先递交给监理人，但通常而言，如果承包人直接向发包人递交索赔意向通知书和正式索赔报告，与递交监理人具有同等法律效果。另外，如果发包人没有授予监理人处理承包人索赔的权利，则承包人应将索赔意向通知书和索赔报告送达发包人或发包人指定的第三方。

（2）对承包人索赔的处理

发包人在其对监理人的授权范围中应明确是否授予监理人处理承包人索赔的权利，并应明确监理人处理的范围，避免因授权不明产生争议。

发包人需注意其审批承包人的索赔报告并答复的期限为在监理人收到承包人索赔报告之日起 28 日内，因该期限包含监理人 14 天的审查期限，故发包人应在收到索赔报告后首先核实监理人收到时间，尽快完成审批，避免因逾期答复而承担不利后果。

承包人递交多份索赔报告的，发包人均应按照前述期限作出答复，否则将视为对未作出答复的索赔请求予以认可。

发包人对于承包人提交的索赔报告的答复应以书面形式作出。承包人对发包人的索赔处理结果不存在异议的，双方应及时签订书面确认协议。

（3）发包人的索赔

发包人应当注意索赔期限，在发生索赔事件后，应及时向承包人发出索赔意向通知书，否则将丧失要求承包人赔付金额和（或）延长缺陷责任期的权利。发包人提交索赔意向通知书时应附上相应证明材料，提交的索赔报告应翔实具体，并附具详细的计算过程和计算依据，同时在必要时应会同承包人、监理人、第三方共同确认索赔事件所造成的影响。

（4）对发包人索赔的处理

承包人需在收到发包人索赔报告后 28 天内答复发包人，且必须以书面形式作出。发包人对承包人答复的索赔处理结果不存在异议的，合同当事人应及时签订书面确认协议，明确承包人应赔付的金额、需延长的缺陷责任期天数等事项，避免事后产生争议。此外，承包人同意延长后的缺陷责任期限不得超过 2 年。

（5）提出索赔的期限

承包人在合同履行过程中，应及时做好记录和资料保存的工作，在索赔事件发生时及时进行索赔，避免拖延索赔导致索赔权利的丧失，并引起合同当事人的争议。

合同当事人应充分理解竣工结算是对包括工程价款、违约金、赔偿金等合同当事人权利义务的全面清理，各方应在结算完成后及时确认。

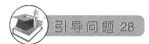 引导问题 28

《建设工程施工合同（示范文本）》中通用合同条款和专用合同条款对争议解决的使用有什么规定？

_____

_____

_____

_____

小提示

争议解决共涉及和解和调解，争议评审，仲裁或诉讼和争议解决条款效力内容。

（1）和解和调解

建议在专用合同条款中明确约定其选择的调解机构、调解员或调解小组等，并对于实施调解的规则、程序、费用等方面进行详细的约定，以利于调解程序的实施。

当事人和解或调解达成一致后，应该签订协议，并将该协议作为施工合同的补充文件，否则，双方当事人缺乏法律约束，不利于协议的执行。

当事人关于结算等问题达成的纠纷解决协议系独立协议，不因施工合同的无效而无效。

（2）争议评审

如果当事人没有在专用合同条款中约定采取争议评审方式解决争议，则以上条款不适用。当事人可以在合同签订后或者争议发生后，就争议评审涉及的相关事项进行约定，但建议在合同签订后，争议发生前约定，以确保争议评审顺利进行。

即使合同中已经约定了争议评审决定的效力问题，仍建议当事人在争议评审后就决定内容签署相关协议，并将该协议作为合同的补充文件，以确保决定的遵守。

（3）仲裁或诉讼

关于仲裁的约定，应当注意的是明确具体的仲裁机构，仲裁机构的名称要正确，标准就是避免歧义，能够确定所约定仲裁机构的唯一性。同时，如有必要，应当同时约定仲裁地点、仲裁语言、仲裁法律适用等。

需要注意的是，2024年1月1日起施行的《中华人民共和国民事诉讼法》对建设工程施工合同纠纷的管辖进行了修正，该类纠纷由适用协议管辖原则，变更为适用不动产专属管辖原则，即只要合同当事人约定相关争议诉讼解决，除去级别管辖的影响，管辖法院实际是确定唯一的。

（4）争议解决条款效力

根据《中华人民共和国民法典》的规定，合同争议解决条款独立存在，不受合同变更、解除、终止、无效和撤销的影响。合同争议解决条款的独立存在特点，保障了合同争议发生后合同当事人解决争议的途径和依据。

合同当事人应该在合同中对争议解决条款作出明确的规定，便于双方明知和遵守。

 引导问题 29

工程中有哪些保险？各保险需明确哪些责任？

 小提示

保险是指投保人根据合同的约定，向保险人支付保险费，保险人对于合同约定可能发生的事故因其发生所造成的财产损失承担赔偿保险金的责任，或者当被保险人死亡、伤残、疾病或者达到合同约定的年龄、期限时承担给付保险金责任的商业保险行为。

工程保险分建筑工程一切险和安装工程一切险，如建工险和建安险。

（1）工程保险和第三者责任保险

1）办理保险的责任

① 承包人办理保险。标准施工合同和简明施工合同的通用合同条款中考虑到承包人是工程施工的最直接责任人，因此均规定由承包人负责投保"建筑工程一切险""安装工程一切险"和"第三者责任保险"，并承担办理保险的费用。具体的投保内容、保险金额、保险费率、保险期限等有关内容在专用合同条款中约定。

承包人应在专用合同条款约定的期限内向发包人提交各项保险生效的证据和保险单副

本，保险单必须与专用合同条款约定的条件一致。承包人需要变动保险合同条款时，应事先征得发包人同意，并通知监理人。保险人作出保险责任变动的，承包人应在收到保险人通知后立即通知发包人和监理人。承包人应与保险人保持联系，使保险人能够随时了解工程实施中的变动，并确保按保险合同条款要求持续保险。

② 发包人办理保险。如果一个建设工程项目的施工采用平行发包的方式分别交由多个承包人施工，由几家承包人分别投保，有可能产生重复投保或漏保，此时以发包人投保为宜。双方可在专用条款中约定，由发包人办理工程保险和第三者责任保险。

无论是由承包人还是由发包人办理工程保险和第三者责任保险，均必须以发包人和承包人的共同名义投保，以保障双方均有出现保险范围内的损失时，可从保险公司获得赔偿。

2）保险金不足的补偿

如果投保工程一切险的保险金额少于工程实际价值，工程受到保险事件的损害时，不能从保险公司获得实际损失的全额赔偿，则损失赔偿的不足部分按合同相应条款的约定，由该事件的风险责任方负责补偿。某些大型工程项目经常因工程投资额巨大，为了减少保险费的支出，采用不足额投保方式，即以建安工程费的 60%～70% 作为投保的保险金额，因此受到保险范围内的损害后，保险公司按实际损失的相应百分比予以赔偿。

标准施工合同要求在专用合同条款具体约定保险金不足以赔偿损失时，承包人和发包人应承担的责任。如永久工程损失的差额由发包人补偿，临时工程、施工设备等损失由承包人负责。

3）未按约定投保的补偿

① 如果负有投保义务的一方当事人未按合同约定办理保险，或未能使保险持续有效，另一方当事人可代为办理，所需费用由对方当事人承担。

② 当负有投保义务的一方当事人未按合同约定办理某项保险，导致受益人未能得到保险人的赔偿，原应从该项保险得到的保险赔偿应由负有投保义务的一方当事人支付。

（2）人员工伤事故保险和人身意外伤害保险

发包人和承包人应按照相关法律规定为履行合同的本方人员缴纳工伤保险费，并分别为自己现场项目管理机构的所有人员投保人身意外伤害保险。

（3）其他保险

1）承包人的施工设备保险。承包人应以自己的名义投保施工设备保险，作为工程一切险的附加保险，因为此项保险内容发包人没有投保。

2）进场材料和工程设备保险。由当事人双方具体约定，在专用合同条款内写明。通常情况下，应是谁采购的材料和工程设备，由谁办理相应的保险。

引导问题 30

什么是担保？有哪些担保方式？

小提示

担保是指合同的当事人双方为了使合同能够得到切实的履行，根据法律、行政法规的规定，经双方协商一致而采用一种具有法律效力的保护措施。

我国《担保法》规定的担保方式有5种。

（1）保证

保证是指保证人和债权人约定，当债务人不履行债务时，保证人按照约定履行债务或承担责任的行为。保证方式有一般保证和连带保证两种，保证人与债权人应当以书面形式签订合同。

（2）抵押

抵押是指债务人或第三人在不转移对抵押财产占有的情况下，将该财产作为债权的担保。当债务人不履行债务时，债权人有权依法将该财产折价或以拍卖、变卖该财产的价款优先受偿。采用抵押这种担保方式时，抵押人和抵押权人应以书面形式订立抵押合同。

（3）质押

质押是指债务人或第三人将其动产或权利移交债权人占有，用以担保债务的履行，当债务人不能履行债务时，债权人依法有权就该动产或权利优先得到清偿的担保。采用质押这种担保方式时，出质人和质权人应以书面形式订立质押合同。

（4）留置

留置是指债权人按照合同的约定占有债务人的动产，债务人不按照合同约定的期限履行债务的，债权人有权依法留置该财产，以该财产折价或拍卖、变卖该财产的价款优先受偿。采用留置这种担保方式时，债权人和债务人应以书面形式订立留置合同。

（5）定金

定金是指合同当事人一方为了证明合同的成立和担保合同的履行，在合同中约定应给对方一定数额的货币。合同履行后，定金可收回或抵作价款。给付定金的一方不履行合同的，无权要求返还定金；收定金的一方不履行合同的，应双倍返还定金。

引导问题 31

什么是诉讼时效？有哪些诉讼时效？

小提示

诉讼时效是指权利人在法定期间内，未向人民法院提起诉讼请求保护其权利时，法律规定消灭其胜诉权的制度。

诉讼时效的种类分为：

（1）普通诉讼时效。普通诉讼时效期间为 2 年。

（2）特别诉讼时效。长于或短于 2 年，如下列情形诉讼时效为 1 年：

1）身体受伤害要求赔偿的；

2）出售质量不合格的商品未声明的；

3）延付或拒付租金的；

4）寄存财物被丢失或者损毁的。

（3）最长诉讼时效。最长诉讼时效为 20 年。

2. 任务交底

码6-2　建设合同
订立的任务交底

根据给定的工程项目、建设合同示范文本和合同洽商记录表，订立建设合同。

案例项目中，××建设开发中心和××建筑有限公司、××工程咨询有限公司就支付、变更、结算、索赔、违约等条款进行了洽商，形成变更条款合同洽商记录表（表 6-1）、合同洽商记录表（表 6-2），建设单位和施工单位根据合同洽商记录表订立了施工合同。

变更条款合同洽商记录表　　　　　　　　　　　　　　　　　　表 6-1

工程名称		×××建设工程	合同名称	×××建设工程建安工程施工合同	标的	×××
主要约定	人员	监理单位总监理工程师×××，建设单位工程管理部经理×××，施工单位项目经理×××				
	变更	1. 发包人有权根据需要随时提出工程设计变更，承包人必须接受；如造成返工等损失的，经监理工程师和发包人确认，补偿承包人的直接经济损失（不计利润等）；对于隐蔽工程变更，施工变更联系单在隐蔽前送达甲方，并附该部分的影像资料，逾期则视为该项变更是施工单位对建设单位的优惠；甲方的资料对接人为工程部资料员，若乙方将施工变更联系单送至他人按作废处理；所有设计变更必须经发包人确认后有效。 2. 承包人提出的合理化建议被发包人采纳的，节省的工程费用的分享： （1）承包人经过复杂的计算、设计和施工组织的，节省的费用按各 50% 的比例分享； （2）承包人通过变换施工工艺和方法，或经一般的计算、设计和施工组织的，承包人按 40% 的比例分享； （3）承包人通过材料的替代（不降低工程效果、不降低品质）节省的费用，承包人按 30% 的比例分享； （4）影响工程效果、降低品质的建议将不被采纳； （5）承包人承担提出合理化建议所需计算、设计、调查等的费用支出，并对结果承担风险； （6）工程验收合格后 1 月内，发包人组织进行评价，工程品质和效果良好的，承包人分享的奖励直接列入工程结算中，如果对品质效果有影响的，发包人酌情扣减。				

建设单位（盖章）
建设单位代表（签字）×××

监理单位（盖章）
监理单位代表（签字）×××

施工单位（盖章）
施工单位代表（签字）×××

合同洽商记录表 　　　　　　　　　　　　　　　　表 6-2

工程名称		×××建设工程	合同名称	×××建设工程建安工程施工合同	标的	×××
主要约定	人员	监理单位总监理工程师×××，建设单位工程管理部经理×××，施工单位项目经理×××				
	支付	双方约定的工程款（进度款）支付的方式和时间： （1）发包人不支付预付款。工程款根据施工进度支付，所有单体结构完成至±0.000时支付已完工作量70%，以后按月支付已完工作量的70%，结构封顶时工程款支付至已完工程量的75%，结构封顶付款前，承包人必须开具同等数额的增值税专用发票，在发票验证符合规定后支付相应款项，否则发包人有权拒绝支付。工程竣工验收1月前，承包人须提交符合当地档案馆要求的竣工资料，在发票验证符合规定后支付至已完工程量的85%。 其余措施费等包干费用按如下约定支付： 其余根据使用周期分期支付。 （2）水电费在每次支付工程进度款中扣除（水电用量按安装的计量表计量，总表及分表差额和水电的损耗等由各施工单位按使用数量分摊，水电价格按水电实际供应价）。 （3）单项变更金额在10万元以上时，随工程款按70%支付，在10万元以内时（含10万元）结算后支付。变更联系单提出后必须在7天内上报至建设单位。 （4）总承包服务费在分包工程竣工后经相关分包单位及发包人签字确认实际配合情况良好后按工程款支付比例支付。 （5）工程款在审核确认后14个工作日内并完成×××集团内部审批后支付。 （6）发包人支付上述款项前，承包人必须开具同等数额的增值税专用发票，在发票验证符合规定后支付相应款项，否则发包人有权拒绝支付，支付至结算款时，应开具全额包含结算款的发票。 （7）工程竣工结算经双方共同书面确认后的15日内，承包人应提供已收款明细表，会同发包人对已经支付的工程价款、未付的剩余工程结算价款进行对账确认。对账确认后28日内，按发包人要求开具剩余金额的增值税专用发票，在发票验证符合规定，发包人保留工程质量保修金及约定的其他保留款项后，付清剩余的工程结算价款。若承包人需开具红字发票的，发包人应予配合。 （8）价外费用（如奖励费、违约金等均为含税）也应开具增值税专用发票。				
	结算	1. 竣工结算报告及结算资料的要求： （1）承包人应向发包人提交承包人盖章、项目经理签字、结算编制人员盖章的竣工结算报告及完整、有效的结算资料，工程结算资料包括送审资料清单、结算汇总表、各项结算调整的依据、内容及费用、发包人有关部门会签的"工程结算审批表"、已经发包人工程人员确认的竣工图（一式二份）、已办妥的"质量保修书""房屋建筑使用说明书"、已办妥资料归档手续并提供相应证明材料。发包人工程师对结算资料进行审核，在符合要求的在竣工结算资料回执上签字并加盖发包人公章后方可视为发包人收到竣工结算资料。 （2）在工程结算审核过程中，承包方不得再增加任何结算资料（图纸、签证变更单、价格凭证等）。在结算审核中发现结算资料无效或不完整的，审价延误的责任由承包人承担。 （3）承包人未按合同条款约定的时间向发包人提交竣工结算报告和资料的，发包人将不能保证按规定的时间完成审核，并且发包人有权根据已有资料进行审查，责任由承包人自行承担。 2. 自完整、有效的结算资料收到之日起90天内，发包人自行或委托有资质的造价咨询单位进行审核，给予确认或提出修改意见，并将审核结果通知承包人。承包人确认同意的，则发包人审定的价款为双方竣工结算价款的最终依据；如承包人不同意的，双方针对争议部分进行核对和协商；经核对协商不能解决的争议部分，双方共同申请当地工程造价管理部门进行解释和协调解决；经以上协商仍不能解决的，则按本专用条款相关约定处理。				

续表

主要约定	结算	3. 承包人应遵循实事求是的原则编制工程造价变更引起的增减费用，对于工程审计（预算、清单、结算、变更联系单费用等的审核）费用支付的约定为：工程审计费用基本费由发包人承担；核减追加费按核减超过送审造价 5% 的幅度以外的核减额为基数计取 5% 的费用，核增追加费按核增额的 5% 计算费用，核增额与核减额不作抵扣，核减、核增追加费由承包人承担，即核增减追加费＝（核减额－送审造价×5%）×5%＋核增额×5%。无论是否委托中介审计，由发包人从应付工程款中直接扣缴。 结算审核时对预算核对包干部分基本费不再计取，也不作为审核追加费基数，即预算核对包干部分不纳入结算审核基本费、追加费的计算基数。 4. 发包人可能另行委托第二家咨询公司（或自审）进行预、结算复审，如需核对，承包人须无条件配合。

建设单位（盖章）
建设单位代表（签字）×××

监理单位（盖章）
监理单位代表（签字）×××

施工单位（盖章）
施工单位代表（签字）×××

6.5　工作实施

根据给定的工程项目、建设合同示范文本和合同洽商记录表（表 6-3），模仿案例，订立建设合同。

合同洽商记录表　　　　　　　　　　表 6-3

工程名称			合同名称		标的	
主要约定	人员					
	支付					
	结算					
	变更					
	……					
建设单位（盖章） 建设单位代表（签字）×××			监理单位（盖章） 监理单位代表（签字）×××		施工单位（盖章） 施工单位代表（签字）×××	

6.6　评价反馈

相关表格详见表 0-4～表 0-7。

学习情境7 建设合同履行、终止、中止

7.1 学习情境描述

勘察合同、设计合同和监理合同等订立后，双方认真履行义务，直至建设任务完成，合同终止。施工合同和电梯供货合同在合同履行过程中，发生了变更、索赔等事项，通过洽商，建设方与相关单位依照合同约定完成了变更、索赔事件的处理。钢构件供货合同在合同履行过程中，也出现了纠纷，双方通过洽商解决了诸多问题，但还有部分分歧通过仲裁或诉讼解决。

7.2 学习目标

(1) 能固定事实，编制工作联系单；

(2) 能区分索赔的原因，编制临时延期申请表或索赔意向通知单；

(3) 能进行合同管理汇总表的记录。

码7-1 建设合同
履行、终止、中止
的学习情境描述

7.3 任务书

根据给定的工程项目建设概况、施工图纸、合同和发生变更、索赔的各种事项，固定事实，编制工作联系单；区分索赔的原因，编制临时延期申请表或索赔意向通知单；进行合同管理汇总表的记录。

7.4 工作准备

1. 知识准备

合同如何履行？

当事人应当按照约定，遵循诚实信用原则全面履行自己的义务，行使自己的权利。另根据合同的性质、目的和交易习惯需履行通知、协助、保密等义务。

合同生效后，当事人就质量、价款或者报酬、履行地点等内容没有约定或者约定不明确的，可以协议补充；不能达成补充协议的，按照合同有关条款或者交易习惯确定。

当事人就有关合同内容约定不明确，依照之前的规定仍不能确定的，适用下列规定。

(1) 质量要求不明确的，按照国家标准、行业标准履行；没有国家标准、行业标准的，按照通常标准或者符合合同目的的特定标准履行。

(2) 价款或者报酬不明确的，按照订立合同时履行地的市场价格履行；依法应当执行政府定价或者政府指导价的，按照规定履行。

（3）履行地点不明确，给付货币的，在接受货币一方所在地履行；交付不动产的，在不动产所在地履行；其他标的，在履行义务一方所在地履行。

（4）履行期限不明确的，债务人可以随时履行，债权人也可以随时要求履行，但应当给对方必要的准备时间。

（5）履行方式不明确的，按照有利于实现合同目的的方式履行。

（6）履行费用的负担不明确的，由履行义务一方负担。

执行政府定价或者政府指导价的，在合同约定的交付期限内政府价格调整时，按照交付时的价格计价。逾期交付标的物的，遇价格上涨时，按照原价格执行；遇价格下降时，按照新价格执行。逾期提取标的物或者逾期付款的，遇价格上涨时，按照新价格执行；遇价格下降时，按照原价格执行。

当事人约定由债务人向第三人履行债务的，债务人未向第三人履行债务或者履行债务不符合约定，应当向债权人承担违约责任。当事人约定由第三人向债权人履行债务的，第三人不履行债务或者履行债务不符合约定，债务人应当向债权人承担违约责任。

当事人互负债务，没有先后履行顺序的，应当同时履行。一方在对方履行之前有权拒绝其履行要求。一方在对方履行债务不符合约定时，有权拒绝其相应的履行要求。

当事人互负债务，有先后履行顺序的，先履行一方未履行的，后履行一方有权拒绝其履行要求。先履行一方履行债务不符合约定的，后履行一方有权拒绝其相应的履行要求。

应当先履行债务的当事人，有确切证据证明对方有下列情形之一的，可以中止履行：

（1）经营状况严重恶化；

（2）转移财产、抽逃资金，以逃避债务；

（3）丧失商业信誉；

（4）有丧失或者可能丧失履行债务能力的其他情形。当事人没有确切证据中止履行的，应当承担违约责任。

当事人依照之前的规定中止履行的，应当及时通知对方。对方提供适当担保时，应当恢复履行。中止履行后，对方在合理期限内未恢复履行能力并且未提供适当担保的，中止履行的一方可以解除合同。

因债务人怠于行使其到期债权，对债权人造成损害的，债权人可以向人民法院请求以自己的名义代位行使债务人的债权，但该债权专属于债务人自身的除外。

代位权的行使范围以债权人的债权为限。债权人行使代位权的必要费用，由债务人负担。

因债务人放弃其到期债权或者无偿转让财产，对债权人造成损害的，债权人可以请求人民法院撤销债务人的行为。债务人以明显不合理的低价转让财产，对债权人造成损害，并且受让人知道该情形的，债权人也可以请求人民法院撤销债务人的行为。撤销权的行使范围以债权人的债权为限。债权人行使撤销权的必要费用，由债务人负担。

撤销权自债权人知道或者应当知道撤销事由之日起 1 年内行使。自债务人的行为发生之日起 5 年内没有行使撤销权的，该撤销权消灭。

合同生效后，当事人不得因姓名、名称的变更或者法定代表人、负责人、承办人的变动而不履行合同义务。

 **引导问题 2**

什么是变更？变更的分类、内容和控制措施各是什么？

 **小提示**

在合同实施过程中，发生的各种相对原合同条件的变化，统称为变更。由于大型工程项目建设的复杂性、长期性和动态规律，任何合同都不可能预见和覆盖实施过程中的所有条件变化，因此，合同实施过程中的变更是不可避免的。

建设工程的变更归结来说，可分为合同变更与工程变更。

（1）合同变更

由业主与承包商共同协商后，对原合同文件所做的变更，表现的形式为对原合同文件的修改协议或补充协议。修改协议将代替原合同文件的相应内容；补充协议与原合同文件具有同等的法律效力。

合同变更范围：

1）改变合同工程的范围；

2）改变合同的目标工期，包括加速协议；

3）改变合同双方责任、权利或利益的规定；

4）改变合同规定的程序或方法；

5）改变合同某一方原承诺提供的条件，如改变业主在合同中承诺提供的交通、占地、供货等当地支持条件。

（2）工程变更

工程变更即工程师按合同条款规定指令的变更。表现的形式为工程变更指令。

工程变更范围：

1）工程量的增减。不发变更令，据实增减报价单中的工程量；

2）取消某项施工内容；

3）改变质量标准或类型；

4）变化工程某部分的位置、高程、基线、尺寸；

5）增加竣工所需的附加工作；

6）改变施工工序工艺或工作时间。

施工过程中出现的工程变更包括监理人指示的变更和承包人申请的变更两类。

监理人可按通用合同条款约定的变更程序向承包人作出变更指示，承包人应遵照执行；没有监理人的变更指示，承包人不得擅自变更。

（1）监理人指示的变更

1）直接指示的变更

直接指示的变更属于必须实施的变更。

2）与承包人协商后确定的变更

监理人首先向承包人发出变更意向书，说明变更的具体内容、完成变更的时间要求等，并附必要的图纸和相关资料。

承包人收到监理人的变更意向书后，如果同意实施变更，则向监理人提出书面变更建议。

监理人审查承包人的建议书。

（2）承包人申请的变更

1）承包人建议的变更：承包人对发包人提供的图纸、技术要求以及其他方面，提出了可能降低合同价格、缩短工期或者提高工程经济效益的合理化建议，均应以书面形式提交。

2）承包人要求的变更：承包人收到监理人按合同约定发出的图纸和文件，经检查认为其中存在属于变更范围的情形，可向监理人提出书面变更建议。

任何变更都会涉及合同双方的责任、权力或利益的调整。通常合同规定：如果变更的总额度超过原合同价的 10%～15% 后，将导致原合同单价的重新调整。业主和工程师应采取以下控制措施，尽量减少不必要的变更：

1）合同文件要详细周密，合同图纸要达到应有深度。招标时业主应向承包商无保留地提供水文、地质等自然条件和有关外部条件的资料。

2）合同文件应明确规定变更的程序和权限划分。

3）合同签订后，如果当地法律或法规发生变化，业主应尽快地和承包商协商，力求达成书面协议。

4）合同双方都应提高各自的履约能力，认真兑现合同中已承诺的责任和义务。

5）工程师应提高快速反应的能力，避免指示拖延而导致工程延误或合同双方资金流的变化。

引导问题 3

合同如何进行变更与转让？

_____

_____

_____

_____

小提示

（1）合同的变更

当事人协商一致，可以变更合同。法律、行政法规规定变更合同应当办理批准、登记等手续的，依照其规定变更。当事人对合同变更的内容约定不明确的，推定为未变更。

（2）合同的转让

债权人可以将合同的权利全部或者部分转让给第三人，但有下列情形之一的除外：

1）根据合同性质不得转让；

2）按照当事人约定不得转让；

3）依照法律规定不得转让。

债权人转让权利的，应当通知债务人。未经通知，该转让对债务人不发生效力。

债权人转让权利的通知不得撤销，但经受让人同意的除外。债务人将合同的义务全部或者部分转移给第三人的，应当经债权人同意。

引导问题 4

什么是合同终止？合同如何进行权利义务的终止？

小提示

合同终止，是指因发生法律规定或当事人约定的情况，使合同当事人之间的权利义务关系消灭，使合同的法律效力终止。合同终止是合同当事人双方在合同关系建立以后，因一定的法律事实的出现，使合同确立的权利义务关系消灭的法律名词。

有下列情形之一的，合同的权利义务终止：

（1）债务已按照约定履行；

（2）合同解除；

（3）债务相互抵消；

（4）债务人依法将标的物提存；

（5）债权人免除债务；

（6）债权债务同归于一人；

（7）法律规定或者当事人约定终止的其他情形。

合同的权利义务终止后，当事人应当遵循诚实信用原则，根据交易习惯履行通知、协助、保密等义务。当事人协商一致，可解除合同。

引导问题 5

什么是仲裁和诉讼？合同如何进行违约责任的处理？

仲裁是指由双方当事人协议将争议提交（具有公认地位的）第三者，由该第三者对争议的是非曲直进行评判并作出裁决的一种解决争议的方法。仲裁一般是当事人根据他们之间订立的仲裁协议，自愿将其争议提交由非司法机构的仲裁员组成的仲裁庭进行裁判，并受该裁判约束的一种制度。

诉讼是指纠纷当事人通过向具有管辖权的法院起诉另一方当事人解决纠纷的形式。

当事人一方不履行合同义务或者履行合同义务不符合约定的，应当承担继续履行、采取补救措施或者赔偿损失等违约责任。

当事人一方明确表示或者以自己的行为表明不履行合同义务的，对方可以在履行期限届满之前要求其承担违约责任。

不同违约的对应方式：

（1）当事人一方未支付价款或者报酬的，对方可以要求其支付价款或者报酬。

（2）当事人一方不履行非金钱债务或者履行非金钱债务不符合约定的，对方可以要求履行，但有下列情形之一的除外：

1）法律上或者事实上不能履行；

2）债务的标的不适于强制履行或者履行费用过高；

3）债权人在合理期限内未要求履行。

（3）质量不符合约定的，应当按照当事人的约定承担违约责任。对违约责任没有约定或者约定不明确，受损害方根据标的的性质以及损失的大小，可以合理选择要求对方承担修理、更换、重作、退货、减少价款或者报酬等违约责任。

（4）当事人一方不履行合同义务或者履行合同义务不符合约定的，在履行义务或者采取补救措施后，对方还有其他损失的，应当赔偿损失。

当事人一方不履行合同义务或者履行合同义务不符合约定，给对方造成损失的，损失赔偿额应相当于因违约所造成的损失，包括合同履行后可以获得的利益，但不得超过违反合同一方订立合同时预见到或者应当预见到的因违反合同可能造成的损失。

（5）当事人可以约定一方违约时应当根据违约情况向对方支付一定数额的违约金，也可以约定因违约产生的损失赔偿额的计算方法。约定的违约金低于造成的损失的，当事人可以请求人民法院或者仲裁机构予以增加；约定的违约金过分高于造成的损失的，当事人可以请求人民法院或者仲裁机构予以适当减少。当事人迟延履行约定违约金的，违约方支付违约金后，还应当履行债务。

（6）当事人可以依照《中华人民共和国担保法》约定一方向对方给付定金作为债权的担保。债务人履行债务后，定金应当抵作价款或者收回。给付定金的一方不履行约定的债务的，无权要求返还定金；收受定金的一方不履行约定的债务的，应当双倍返还定金。

当事人既约定违约金，又约定定金的，一方违约时，对方可以选择适用违约金或者定金条款。

（7）因不可抗力不能履行合同的，根据不可抗力的影响，部分或者全部免除责任，但法律另有规定的除外。当事人迟延履行后发生不可抗力的，不能免除责任。不可抗力是指不能预见、不能避免并不能克服的客观情况。

（8）当事人一方因不可抗力不能履行合同的，应当及时通知对方，以减轻可能给对方造成的损失，并应当在合理期限内提供证明。当事人一方违约后，对方应当采取适当措施防止损失的扩大；没有采取适当措施致使损失扩大的，不得就扩大的损失要求赔偿。当事人因防止损失扩大而支出的合理费用，由违约方承担。

 引导问题 6

什么是索赔？索赔的作用有哪些？

 小提示

索赔是指在合同履行过程中，对于非己方的过错而应由对方承担责任的情况造成的损失，向对方提出补偿的要求。

反索赔是指合同当事人一方向对方提出索赔要求时，被索赔方从自己的利益出发，依据合法理由减少或抵消索赔方的要求，甚至反过来向对方提出索赔要求的行为。

索赔是发包方和承包方都拥有的权利。在工程实践中，一般把发包方向承包方的索赔要求称作反索赔。发包方在索赔中处于主动地位，可以从工程款中抵扣，也可以从保险金中扣款以补偿损失。

索赔属于经济补偿行为，而不是惩罚。

索赔工作是承发包双方之间经常发生的管理业务，是双方合作的方式，一般情况下索赔都可以通过协商方式解决。只有发生争议才会导致提出仲裁或诉讼，即使这样，索赔也被看成是遵法守约的正当行为。

索赔方所受到的损害，与被索赔方的行为并不一定存在法律上的因果关系。索赔事件的发生，可以是一方行为造成的，也可能是任何第三方行为所导致。一方违约使另一方蒙受损失，受损方向另一方提出赔偿损失的要求。

索赔的作用：

（1）索赔可以保证合同的正确实施；

（2）索赔是落实和调整合同当事人双方权利义务关系的手段；

（3）索赔有助于对外承发包工程的开展；

（4）促使工程造价更加合理。

 引导问题 7

施工索赔的程序是什么？

 小提示

当出现索赔事件时，承包方可按下列程序以书面形式向发包方索赔。

（1）提出索赔要求

凡发生不属于承包方责任的事件导致竣工日期拖延或成本增加时，承包方应按监理工程师的指示继续精心施工，在索赔事件发生后 28 天内向监理工程师发出索赔意向通知。

（2）报送索赔资料

承包方应在发出索赔意向通知后 28 天内向监理工程师提出延长工期和（或）补偿经济损失的索赔报告及有关资料。索赔报告应当包括承包方的索赔要求和支持索赔要求的有关证据。证据应当详细和全面真实，但不能因收集证据而影响索赔通知书的按时发出，因为通知发出后，施工企业还有补充证据的权利。

（3）监理工程师答复

在接到索赔报告后，监理工程师应抓紧时间对索赔通知（特别是对有关证据材料）进行分析，客观分析事件发生的原因，重温合同的条款，研究承包方的索赔证明，并查阅他们的同期记录。依据合同条款划清责任界限，提出处理意见。监理工程师在收到承包人送交的索赔报告和有关资料后，于 28 天内给予答复，或要求承包人进一步补充索赔理由和证据。

监理工程师在收到承包人送交的索赔报告和有关资料后 28 天内未予答复或未对承包人作进一步要求，视为该项索赔已经认可。

（4）持续索赔

当该索赔事件持续进行时，承包人应当阶段性地向监理工程师发出索赔意向，在索赔事件终了后 28 天内向监理工程师送交索赔的有关资料和最终索赔报告。索赔答复程序与（3）条的规定相同。

（5）索赔终结

承包方接受最终的索赔处理决定，索赔事件的处理即结束。如果承包方不同意，则会导致合同的争议，就应通过协商、调解、"或裁或诉"方法解决。发包方对索赔的管理，应当通过加强施工合同管理，严格执行合同，使对方没有提出索赔的理由和根据。在索赔事件发生后，也应积极收集有关证据资料，以便分清责任，剔除不合理的索赔要求。总之，有效的合同管理是保证合同顺利履行，减少或防止索赔事件发生，降低索赔事件损失的重要手段。

 引导问题 8

施工索赔的原因有哪些？

 小提示

施工索赔发生的主要原因有以下几个方面：

（1）发包人违约行为

1）发包人未按合同规定交付施工场地。发包人应当按合同规定的时间交付施工场地，否则承包人即可提出索赔要求。

2）发包人交付的施工场地没有完全具备施工条件。发包人未在合同规定的期限内办理土地征用、青苗树木赔偿、房屋拆迁、清除地面和地下障碍等工作，施工场地没有完全具备施工条件。

3）发包人未保证施工对水、电及电信的需要。发包人未按合同规定将施工所需水、电、电信或线路从施工场地外部接至约定地点，或虽接至约定地点，却没有保证施工期间的需要。

4）发包人未保证施工期间运输的畅通。发包人没有按合同规定开通施工场地与城乡公共道路的通道或施工场地内的主要交通干道，没有满足施工运输的需要，不能保证施工期间运输的畅通。

5）发包人未及时提供工地工程地质或地下管网线路资料。发包人没有按合同约定及时向承包人提供施工场地的工程地质和地下管网线路资料，或者提供的数据不符合真实准确的要求。

6）发包人未及时办理施工所需各种证件。

7）发包人未及时交付水准点与坐标控制点。发包人未及时将水准点和坐标控制点以书面形式交给承包人。

8）发包人未及时进行图纸会审及设计交底。发包人未及时组织设计单位和承包人进行图纸会审，未及时向承包人进行设计交底。

9）发包人没有协调好工地周围建筑物的保护。

10）发包人没有提供应供的材料设备。发包人没有按合同的规定提供应由发包人提供的建筑材料、机械设备，影响施工正常进行。

11）发包人拖延合同规定的责任。例如，拖延图样的批准、拖延隐蔽工程的验收、拖延对承包人提问的答复，造成施工的延误。

12）发包人未按合同规定支付工程款。

（2）不可预见因素（不可抗力）

不可抗力是指人们不能预见、不能避免、不能克服的客观情况。不可抗力事件的风险承担应当在合同中约定，承包方可以向保险公司投保。

不可抗力作为人力不可抗拒的力量，包括自然现象和社会现象两种。自然现象包括地

震、台风、洪水等；社会现象包括战争、社会动乱、暴乱等。

在许多情况下，不可抗力事件的发生会造成承包方的损失，一般应由发包方承担。例如，进场设备运输必经桥梁因故断塌，使绕道运输费大增。

不可抗力具体有以下几种：

1）自然灾害。我国法律认为自然灾害是典型的不可抗力。虽然随着科学技术的进步，人类不断提高对自然灾害的预见能力，但是，自然灾害频繁发生会影响施工合同的履行。认定不可抗力的标准，是以自然灾害的发生是否超过了合同规定。

2）政府行为。是指当事人在订立合同以后，政府颁发新的政策、法律和行政措施而导致合同不能履行。

3）社会异常事件。主要是指一些突发的事件阻碍合同的履行，如社会动乱、暴乱等。

4）施工中发现文物、古墓、古建筑基础和结构、化石、钱币等具有考古、地质研究价值的或其他影响施工的障碍物。

（3）合同与工程变更

合同与工程变更是索赔机会，应在合同规定的索赔有效期内完成对索赔事件的处理。在合同与工程变更过程中就应记录、收集、整理所涉及的各种文件作为进一步分析的依据和索赔证据。

（4）建筑过程的难度和复杂性增大

一方面，随着社会的发展，出现了越来越多的新技术、新工艺，发包人对项目建设的质量和功能要求越来越高，越来越完善，因而使设计难度不断增大；另一方面施工过程也变得更加复杂，由于设计难度加大，使得设计不能尽善尽美，往往造成施工过程中随时发现问题，随时解决，需要进行设计变更，这就导致施工费用的变化，从而导致索赔的发生。

（5）国家政策、法规的变更

由于国家政策、法规的变更，通常直接影响到工程的造价。显然，这些相关政策、法规的变化，对建筑工程造成较大影响，可依据这些政策、法规的规定向另一方提出补偿要求。

（6）监理工程师的指挥不当

监理工程师是接受发包方委托进行工作的。从施工合同的角度看，其不正当行为给承包方造成的损失应当由发包方承担。其不正当行为包括：

1）委派具体管理人员未提前通知承包方，即未按合同约定提前通知承包方，对施工造成不利影响；

2）发出的指令有误，影响了正常的施工；

3）对承包方的施工组织进行不合理的干预，影响施工的正常进行；

4）因协调不力或无法进行合理协调，导致承包方的施工受到其他承包方的干扰。由于不同承包方之间无合同关系，因此应向发包方提出索赔要求。

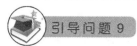 引导问题 9

索赔的主要类型有哪些？

小提示

索赔的主要类型可按索赔有关当事人分类、按索赔的目的分类、按索赔事件的性质分类、按索赔的处理方式分类、按索赔事件所处合同状态分类、按索赔发生的原因分类、按索赔依据的范围分类等。

（1）按索赔有关当事人分类

1）承包方与发包方之间的索赔；

2）承包方与分包方之间的索赔；

3）承包方与供应方之间的索赔；

4）承包方向保险公司提出的损害赔偿索赔。

（2）按索赔的目的分类

1）工期索赔

由于非承包方责任的原因而导致施工进度延误，承包方向发包方提出要求延长工期、推迟竣工日期的索赔称为工期索赔。

工期索赔形式上是对权利的要求，目的是避免在原定的竣工日不能完工时，被发包方追究拖期违约的责任。获准合同工期延长，不但意味着免除拖期违约赔偿的风险，而且有可能得到提前工期的奖励，最终仍反映在经济效益上。

2）费用索赔

费用索赔是承包方向发包方提出在施工过程中由于客观条件改变而导致承包方增加开支或损失的索赔，以挽回不应由承包方负担的经济损失。费用索赔的目的是要求经济补偿。

承包方在进行费用索赔时，应当遵循以下两个原则：

① 所发生的费用应该是承包方履行合同所必需的，如果没有该费用支出，合同将无法继续履行；

② 给予补偿后，承包方应按约定继续履行合同。

常见的费用索赔项目包括人工费、材料费、机械使用费、低值易耗品、工地管理费等。为便于管理，承发包双方和监理工程师应事先将这些费用列出一个清单。

（3）按索赔事件的性质分类

1）工程变更索赔

由于发包方或监理工程师指令增加或减少工程量或增加附加工程，变更工程顺序，造成工期延长或费用损失，承包方为此提出的索赔。

2）工程中断索赔

由于工程施工受到承包方不能控制的因素而不能继续进行，中断一段时间，承包方提出的索赔。

3）工期延长索赔

承包方因发包方未能按合同提供施工条件，如未及时交付设计图纸、技术资料、场地、道路等造成工期延长而提出的索赔。这是工程中极为常见的一种索赔。

4）其他原因索赔

如货币贬值、汇率变化、物价和工资上涨、政策法令变化等原因引起的索赔。

（4）按索赔的处理方式分类

1）单项索赔

单项索赔是指针对某一干扰事件提出的索赔。索赔的处理是在合同实施过程中，干扰事件发生时或发生后立即进行。它由合同管理人员处理，并在合同规定的索赔有效期内向发包方提交索赔报告。单项索赔通常原因单一，责任简单，分析起来比较容易，处理起来比较简单。

2）综合索赔

综合索赔又称一揽子索赔、总索赔。一般在工程竣工前，承包方将施工过程中未解决的单项索赔集中起来进行综合考虑，提出一份总索赔报告。合同双方在工程交付前后进行最终谈判，以一揽子方案解决索赔问题。由于在一揽子索赔中，许多干扰事件交织在一起，影响因素比较复杂，责任分析和索赔值的计算很困难，使索赔处理和谈判都很困难。

（5）按索赔依据的范围分类

1）合同内索赔

合同内索赔是指索赔涉及的内容在合同文件中能够找到依据，发包人或承包人可以据此提出赔偿要求的索赔。比如，工期延误，工程变更，工程师给出错误的指令导致放线的差错，发包人不按合同规定支付进度款等。这种在合同文件中有明文规定的条款，常称为"明示条款"。这类索赔不大容易发生争议，往往容易索赔成功。

2）合同外索赔

合同外索赔是指难以直接从合同的某条款中找到依据，但可以从对合同条件的合理推断或同其他的有关条款联系起来论证该索赔是合同规定的索赔，这种隐含在合同条款中的要求，国际上常称为"默示条款"。它包含合同明示条款中没有写入，但符合合同双方签订合同时设想的愿望和当时的环境条件的一切条款。这些默示条款，都成为合同文件的有效条款，要求合同双方遵照执行。例如，在一些国际工程的合同条件中，对于外汇汇率变化给承包人带来的经济损失，并无明示条款规定；但是，由于承包人确实受到了汇率变化的损失，承包人有权提出汇率变化损失索赔。这虽然属于非合同规定的索赔，但也能得到合理的经济补偿。

3）道义索赔

道义索赔是指通情达理的发包人看到承包人为圆满成功地完成某项困难的施工，承受了额外费用损失，甚至承受重大亏损，承包人提出索赔要求时，发包人出于善良意愿给承包人以适当的经济补偿，因在合同条款中没有此项索赔的规定，所以也称为"额外支付"，这往往是合同双方友好信任的表现，但此类索赔较为罕见。

 引导问题 10

施工索赔的证据有哪些?

 小提示

施工索赔的证据包括:

(1) 证明材料

承包方提供的证据可以包括下列证明材料:

1) 合同文件,包括招标文件、中标书、投标书、合同文本等;

2) 工程量清单、工程预算书和图纸、标准、规范以及其他有关技术资料、技术要求;

3) 施工组织设计和具体的施工进度安排;

4) 合同履行过程中来往函件、各种纪要、协议;

5) 工程照片、气象资料、工程检查验收报告和各种鉴定报告;

6) 施工中送停电、气、水和道路开通、封闭的记录和证明;

7) 官方的物价指数、工资指数、各种财物凭证;

8) 建筑材料、机械设备的采购、订货、运输、进场、使用凭证;

9) 国家的法律、法规、部门的规章等;

10) 其他有关资料。

(2) 现场的同期记录

从索赔事件发生之日起,承包方就应当做好现场条件和施工情况的同期记录。记录的内容包括事件发生的时间、对事件的调查记录、对事件的损失进行的调查和计算等。做好现场的同期记录是承包方的义务,也是作为索赔的证据资料。

(3) 费用索赔计算书

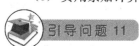 引导问题 11

怎样避免或减少施工索赔?

（1）避免索赔事件的发生

1）避免无法预见的不利自然条件或人为障碍而引起的费用索赔事件；

2）避免或减少工程变更中由于费率和价格变化而引起的费用索赔；

3）避免由于不及时提供施工图纸及施工现场而引起的费用索赔事件；

4）避免由于提供的放线资料有差错而引起的费用索赔事件；

5）避免在施工中由于合同以外的检验而引起的费用索赔事件；

6）避免对隐蔽工程事后检查而引起的费用索赔事件。

（2）尽量减少索赔金额

当索赔事件发生后，监理工程师要采取有效措施，防止事态的扩大，尽量减少索赔的金额。

（3）缩短停工时间

大多数索赔事件是由于承包方以外的原因导致工程施工中断而引起的。监理工程师应根据承包方的施工状况，如果有条件，应立即指令承包方修改作业计划，缩短停工时间，这样可以减少索赔金额。

索赔事件有关记录内容包括以下几方面。

1）有关各种调查的记录。如对索赔事件的原因、影响范围及调整承包方的作业计划的可能性进行调查，并做好记录。

2）人员及设备闲置情况。如索赔事件造成工程中断时，监理工程师对施工现场中由于产生索赔事件而造成人员及设备的闲置，应每天进行记录。

3）工程损坏的情况。对不是承包方的原因而造成工程损坏或已完成的工程要返工，对此种情况，监理工程师应对损坏或返工的工程规模、范围、数量做好检查记录。

4）其他费用支出情况。对索赔事件影响时间内承包方实际支出的各种费用进行调查、核实，并做好有关记录。

（3）公平合理地确定索赔金额。监理工程师应站在公正的立场上确定合理的索赔金额。

（4）避免重复支付。在承包方的索赔费用中，还必须注意索赔的费用是否应在合同的其他规定中支付。凡是在其他规定中已支付了费用的项目，就不能以索赔为名重复支出。

工期索赔怎样进行计算？

工程拖期可分为以下两种情况。

（1）由于承包商的原因造成的工程拖期，定义为工程延误，则承包商须向业主支付误期损害赔偿费。工程延误也称为不可原谅的工程拖期，如承包商内部施工组织不好，设备材料供应不及时等。在这种情况下，承包商无权获得工期延长。

（2）由于非承包商原因造成的工程拖期，定义为工程延期，则承包商有权要求业主给予工期延长。工程延期也称为可原谅的工程拖期。它是由于业主、监理工程师或其他客观因素造成的，承包商有权获得工期延长，但是否能获得经济补偿要视具体情况而定。因此，可原谅的工程拖期又可以分为：①可以原谅并给予补偿的拖期，是指承包商有权同时要求延长工期和经济补偿的延误，拖期的责任者是业主或监理工程师。②可以原谅但不给予补偿的拖期，是指可给予工期延长，但不能对相应经济损失给予补偿的可原谅延误。这往往是由于客观因素造成的拖延。

工期索赔主要依据合同规定的总工期计划、进度计划，以及双方共同认可的工期修改文件，调整计划和受干扰后实际工程进度记录，如施工日记、工程进度表等。承包人应在每个月月底以及在干扰事件发生时，分析对比上述资料，发现工期延期以及延期原因，提出有说服力的索赔要求，特别需要说明的是只有发生在关键线路上的工期延期才能提出工期索赔诉求。

工期索赔处理原则如表 7-1 所示。

工期索赔处理原则 表 7-1

索赔原因	是否可原谅	拖期原因	责任者	处理原则	索赔结果
工程进度拖延	可原谅拖期	修改设计；施工条件变化；业主原因拖期；监理工程师原因拖期	业主	可给予工期延长，可补偿经济损失	工期＋经济补偿
	可原谅拖期	异常恶劣气候；工人罢工；天灾	客观原因	可给予工期延长，不可补偿经济损失	工期
	不可原谅拖期	工效不高；施工组织不好；设备材料供应不及时	承包商	不延长工期不补偿经济损失；向业主支付误期损害赔偿费	索赔失败；无权索赔

2. 任务交底

根据给定的工程项目建设概况、施工图纸、合同和发生变更、索赔的各种事项，固定事实，编制工作联系单；区别索赔的原因，编制工程临时/最终延期报审表或索赔意向通知单；进行合同管理汇总表的记录。

案例项目中，为了保证××小学于 2022 年 9 月 1 日顺利开学，××国家旅游度假区基础设施建设开发中心要求施工单位××建筑有限公司缩短工期 30 天，双方协商一致进行了合同变更。为了缩短工期，施工单位需增加静力压桩机

1台，10人加班20天，由此引发了索赔。同时因台风登陆工程所在地被迫停工3天。

施工单位为固定合同变更的事实，编制了工作联系单（表7-2）；区分索赔的原因，编制索赔意向通知单（表7-3）和工程临时/最终延期报审表（表7-4）；并从始至终都进行了合同管理汇总表的记录（表7-5）。

工作联系单

表 7-2

工程名称：××地块规划36班小学一期土建工程　　　　　　　　　　　　　　　编号：××

致：××国家旅游度假区基础设施建设开发中心

　　事由：关于工期调整

　　内容：我司承建的××地块规划36班小学一期土建工程，合同竣工日期为2022年9月22日，为满足市委、市教育局2022年9月1日能顺利开学的要求，经建设、施工双方协商一致，采取增加施工机械、夜间赶工等措施，确保在2022年8月下旬交付，提请贵公司给予由此产生的费用及提前竣工奖励，具体以签订的补充协议为准。

发文单位（章）：××建筑有限公司
负责人（签字）：××
××年××月××日

索赔意向通知单

表 7-3

工程名称：××地块规划36班小学一期土建工程　　　　　　　　　　　　　　　编号：××

致：××国家旅游度假区基础设施建设开发中心

　　根据施工合同第6条23.2款约定，由于发生了　变更　事件，且该事件的发生非我方原因所致。为此，我方向贵单位提出索赔要求。

　　附件：索赔事件资料

提出单位（盖章）：××建筑有限公司
负责人（签字）：××
××××年××月××日

工程临时/最终延期报审表 　　　　　　　　　　　　　　表 7-4

工程名称：××地块规划 36 班小学一期土建工程　　　　　　　编号：××

致：××工程咨询有限公司

　　根据施工合同__第 11 条 39.1 款__，由于__台风影响__原因，我方申请工程临时/最终延期__3__（日历天），请予批准。

　　附件：1. 工程延期依据及工期计算
　　　　　2. 证明材料

　　　　　　　　　施工项目经理部（盖章）：××建筑有限公司
　　　　　　　　　项目经理（签字）：×××
　　　　　　　　　　　　　××××年××月××日

审核意见：

☑同意工程临时/最终延期____3____（日历天）。工程竣工日期从施工合同约定的××××年××月××日延迟到××××年××月××日。

□不同意延期，请按约定竣工日期组织施工。

　　　　　　　　　项目监理机构（盖章）：××工程咨询有限公司
　　　　　　　　　总监理工程师（签字）：×××
　　　　　　　　　　　　　××××年××月××日

审批意见：

　　同意监理单位意见，延期 3 天。

　　　　　　　　　建设单位（盖章）：××建设开发中心
　　　　　　　　　建设单位代表（签字）：×××
　　　　　　　　　　　　　××××年××月××日

合同管理汇总表　　　　　　　　　　　　　　　　　表 7-5

工程名称	××地块规划 36 班小学一期土建工程		合同名称	××地块规划 36 班小学一期土建工程建设工程建安工程施工合同	标的	13974.4701 万元
合同管理实务		时间		事件		结论
	变更	××××年××月××日		缩短工期 30 天		同意
		××××年××月××日		增加景观施工图纸		同意
		××××年××月××日		与老校区连接设计变更		同意
	索赔	××××年××月××日		台风		同意
		××××年××月××日		中考禁止施工		同意
		××××年××月××日		高考禁止施工		同意
		××××年××月××日		建设单位未提供配电部分图纸		同意
		××××年××月××日		建设单位未及时提供甲供材料		同意

7.5　工作实施

根据给定的工程项目建设概况、施工图纸、合同和发生变更、索赔的各种事项，模仿案例，固定事实，编制工作联系单（表 7-6）；区别索赔的原因，编制索赔意向通知单（表 7-7）或工程临时/最终延期报审表（表 7-8）；完成合同管理汇总表（表 7-9）的记录。

工作联系单　　　　　　　　　　　　　　　　　　　表 7-6

工程名称：　　　　　　　　　　　　　　　　　　　　　　　　编号：

致：＿＿＿＿＿＿＿＿＿＿＿＿＿＿＿（建设单位）

　事由：

　内容：

　　　　　　　　　　　　　　　　　　　　　发文单位（章）：

　　　　　　　　　　　　　　　　　　　　　　负责人（签字）：

　　　　　　　　　　　　　　　　　　　　　　　　年　月　日

索赔意向通知单　　　　　　　　　　　　　　　　　　　表 7-7

工程名称：　　　　　　　　　　　　　　　　　　　　　　　　　　　　编号：

致：＿＿＿＿＿＿＿（建设单位）

　　根据施工合同＿＿＿＿＿＿＿条款约定，由于发生了＿＿＿事件，且该事件的发生非我方原因所致。为此，我方向贵单位提出索赔要求。

　　附件：索赔事件资料

提出单位（盖章）：

负责人（签字）：

年　月　日

工程临时/最终延期报审表　　　　　　　　　　　　　　　表 7-8

工程名称：　　　　　　　　　　　　　　　　　　　　　　　　　　　　编号：

致：＿＿＿＿＿＿＿＿＿＿＿＿＿（项目监理机构）

　　根据施工合同＿＿＿＿＿＿＿＿＿（条款），由于＿＿＿＿＿＿原因，我方申请工程临时/最终延期＿（日历天），请予批准。

　　附件：1. 工程延期依据及工期计算
　　　　　2. 证明材料

施工项目经理部（盖章）：

项目经理（签字）：

年　月　日

续表

审核意见：
□同意工程临时/最终延期_____（日历天）。工程竣工日期从施工合同约定的____年_月_日延迟到____年_月_日。 □不同意延期，请按约定竣工日期组织施工。   项目监理机构（盖章）： 总监理工程师（签字）： 年 月 日
审批意见： 同意监理单位意见，延期 天。   建设单位（盖章）： 建设单位代表（签字）： 年 月 日

合同管理汇总表 表 7-9

工程名称			合同名称			标的	
合同管理实务	变更	时间		事件		结论	
	索赔						

7.6 评价反馈

相关表格详见表 0-4～表 0-7。

学习领域 3　建设工程投资控制

学习情境 8　前期阶段投资控制

8.1　学习情境描述

××区人民政府计划开发建设的××区块道路网工程经地方发展和改革委员会审批通过后取得了项目建议书批复文件，进入了可行性研究报告阶段。为了做好前期阶段的投资控制，在编制可行性研究报告时详细地编审了投资估算。

8.2　学习目标

能编审建设工程投资估算。

注：编制投资估算的其他知识和能力在其他课程中学习。

码8-1　前期阶段
投资控制的
学习情境描述

8.3　任务书

根据给定的工程项目，编审建设工程投资估算。

8.4　工作准备

1. 知识准备

什么是建设工程项目总投资？

_____

_____

_____

建设工程项目总投资是指进行某项工程建设花费的全部费用。建设项目总投资由建设投资、建设期贷款利息、固定资产投资方向调节税（暂停征收）和铺底流动资金组成（见表8-1）。其中建设投资由工程费用、工程建设其他费用、工程预备费三部分组成。

工程费用由建筑工程费、设备购置费和安装工程费组成。

工程建设其他费用是指建设项目自建设意向成立、筹建到竣工验收办理财务决算止的整个建设期间，为保证建设顺利完成和交付使用后能够正常发挥效用而发生的各项费用总和。其主要包括建设管理费、建设用地费、可行性研究费、研究试验费、勘察设计费、环境影响评价费、节能评估费、场地准备及临时设施费、引进技术和引进设备其他费、工程保险费、联合试运转费、市政公用设施费、专利及专有技术费、生产准备及开办费等。

建设项目总概算费用组成表　　　　　　表 8-1

费用项目名称			
建设项目概算总投资	建设投资	第一部分：工程费用	建筑工程费
			设备购置费
			安装工程费
		第二部分：工程建设其他费用	建设管理费
			建设用地费
			可行性研究费
			研究试验费
			勘察设计费
			环境影响评价费
			节能评估费
			场地准备及临时设施费
			引进技术和引进设备其他费
			工程保险费
			联合试运转费
			市政公用设施费
			专利及专有技术费
			生产准备及开办费
		第三部分：工程预备费	基本预备费
			涨价预备费
	建设期贷款利息		
	固定资产投资方向调节税（暂停征收）		
	铺底流动资金		

　　建筑工程费是指建设工程涉及范围内的建筑物、构筑物、场地平整、道路、室外管道铺设、大型土石方工程费用等。

　　设备购置费是指为工程建设项目购置或自制的达到固定资产标准的设备、工具、器具的费用。

　　安装工程费是指主要生产、辅助生产、公用工程等单项工程中需要安装的机械设备、电器设备、专用设备、仪器仪表等设备的安装及配件工程费，以及工艺、供热、供水等各种管道、配件、闸门和供电外线安装工程费用等。

　　建设管理费是指建设单位从项目建设意向成立，筹建之日起至工程竣工验收合格办理竣工财务决算为止发生的项目建设管理费用。其包括项目建设管理费、项目管理其他费、工程监理费。

　　建设用地费有两种情况。一种为统一征地、净地出让的情况，建设用地费为土地使用权出让金；另一种为统一征地、划拨土地的情况，建设用地费包括土地补偿费、安置补助费、青苗及地面附着物补偿费、被征地农民基本生活保障资金、耕地占用税、耕地开垦费、补充耕地（标准农田）指标调剂资金（耕地占补平衡费）、新增建设用地有偿使用费、城镇土地使用税、土地复垦费、外商投资企业场地使用费、海域使用金、无居民海岛使用金、矿产资源有偿使用费用、不动产登记费、建设用地地质灾害危险性评估费、森林植被恢复费、水土保持补偿费、水利建设专项资金（暂停征收）、新菜地开发建设基金（暂停征收）、建设用地勘测定界费、地上地下附着物和房屋拆迁评估费等。

可行性研究费是指项目建设前期工作中，编制项目建议书（或预可行性研究报告）和可行性研究报告所需的费用。

勘察设计费是指勘察设计单位进行工程水文地质勘察、工程设计所发生的费用，包括工程勘察费和设计费，其中设计费包括初步设计费（基础设计费）和施工图设计费（详细设计费）。

环境影响评价费是指按照《中华人民共和国环境保护法》等规定，为全面、详细评价建设项目对环境可能产生的污染或造成的重大影响所需的费用，包括编制环境影响报告书（含大纲）、环境影响报告表所需费用。

节能评估费是指对固定资产投资项目的能源利用是否科学合理进行分析评估，并编制节能评估报告书、节能评估表所需的费用。

场地准备及临时设施费是指建设场地准备费和建设单位临时设施费。场地准备费是指建设项目为达到工程开工条件所发生的场地平整和对建设场地余留的有碍于施工建设的设施进行拆除清理的费用。临时设施费是指为满足施工建设需要而供到场地界区的、未列入工程费用的临时水、电、路、气及通信等其他工程费用和建设单位的现场临时建（构）筑物的搭设、维修、拆除、摊销或建设期间租赁费以及施工期间专用公路养护费、维修费。

工程保险费是指建设项目在建设期间根据需要对建筑工程、安装工程、机器设备和人身安全进行投保而发生的保险费用，包括建筑安装工程一切险、引进设备财产保险和人身意外伤害险等。

联合试运转费是指新建项目或新增加生产能力的工程，在交付生产前按照批准的设计文件所规定的工程质量标准和技术要求，进行整个生产线或装置的负荷联合试运转或局部联动试车所发生的费用净支出（试运转支出大于收入的差额部分费用）。试运转支出包括试运转所需原材料、燃料及动力消耗、低值易耗品、其他物料消耗、工具用具使用费、机械使用费、保险金、施工单位参加试运转人员工资以及专家指导费等。试运转收入包括试运转期间的产品销售收入和其他收入。

市政公用设施费是指使用市政公用设施的建设项目，按照项目所在地省级人民政府有关规定缴纳市政公用设施建设配套费用，以及绿化工程补偿费用。其包括市政基础设施配套费、高可靠性供电费、人防工程异地建设费、城市异地绿化补偿费等。

专利及专有技术费是指在项目建设中，为获得专利、专有技术、商标权、商誉、特许经营权等所支付的费用。这些费用包括但不限于国外设计及技术资源费、引进的有效专利和专有技术使用费、技术保密费，国内有效专利和专有技术使用费、商标权、商誉和特许经营权费，以及软件费等。

生产准备及开办费是指建设项目为保证正常生产（或营业、使用）而发生的人员培训费、提前进厂费以及投资使用必备的生产办公、生活家具及工器具等购置费用。其包括人员培训及提前进厂费、初期正常生产（使用）必需的生产办公、生活家具用具购置费、不够固定资产标准的生产工具、器具购置费等。

基本预备费是指在初步设计及概算内不可预见的工程费用，包括实行按施工图预算加系数包干的预算包干费用。

涨价预备费是建设期由于人工、设备、材料、施工机械的价格及费率、利率、汇率等浮动因素引起工程造价变化的预测预备费用。

建设期贷款利息是指建设项目通过银行或其他金融投资机构偿贷筹措资金，且在建设期内需要支付的贷款利息。

固定资产投资方向调节税是指国家为贯彻产业政策、控制投资规模，引导投资方向、调整投资结构、加强重点建设，对中国境内进行固定资产投资的单位和个人，按其投资额征收的一种税。

铺底流动资金是项目投产初期所需，为保证项目建成后进行试运转所必需的流动资金，一般按项目建成后所需全部流动资金约 30% 计算。

引导问题 2

建筑安装工程费用有哪些内容组成？

_____

_____

_____

_____

小提示

（1）按费用构成要素划分

按照费用构成要素划分，建筑安装工程费由人工费、材料费、机械费、企业管理费、利润、规费和税金组成，如图 8-1 所示。

1）人工费。人工费是指按工资总额构成规定，支付给从事建筑安装工程施工的生产工人和附属生产单位工人的各项费用（包含个人缴纳的社会保险费与住房公积金）。其内容包括：

① 计时工资或计件工资：是指按计时工资标准和工作时间或对已做工作按计件单价支付给个人的劳动报酬。

② 奖金：是指对超额劳动和增收节支支付给个人的劳动报酬，如节约奖、劳动竞赛奖等。

③ 津贴补贴：是指为了补偿职工特殊或额外的劳动消耗和因其他特殊原因支付给个人的津贴，以及为了保证职工工资水平不受物价影响支付给个人的物价补贴，如流动施工津贴、特殊地区施工津贴、高温（寒）作业临时津贴、高空津贴等。

④ 加班加点工资：是指按规定支付的在法定节假日工作的加班工资和在法定工作日时间外延时工作的加点工资。

⑤ 特殊情况下支付的工资：是指根据国家法律、法规和政策规定，因病、工伤、产假、计划生育假、婚丧假、事假、探亲假、定期休假、停工学习、执行国家或社会义务等

原因按计时工资标准或计时工资标准的一定比例支付的工资。

⑥ 职工福利费：是指企业按规定标准计提并支付给生产工人的集体福利费、夏季防暑降温费、冬季取暖补贴、上下班交通补贴等。

⑦ 劳动保护费：是指企业按规定标准发放的生产工人劳动保护用品的支出，如工作服、手套、防暑降温饮料以及在有碍身体健康的环境中施工的保健费用等。

2）材料费。材料费是指工程施工过程中所耗费的原材料、辅助材料、构配件、零件、半成品或成品和工程设备等的费用以及周转材料的摊销费用。

材料费由下列三项费用组成：

① 材料及工程设备原价：是指材料、工程设备的出厂价格或商家供应价格，原价包括为方便材料、工程设备的运输和保护而进行必要的包装所需要的费用。

② 运杂费：是指材料、工程设备自来源地运至工地仓库或指定堆放地点所发生的全部费用，包括装卸费、运输费、运输损耗及其他附加费等费用。

③ 采购及保管费：是指为组织采购、供应和保管材料、工程设备的过程中所需要的各项费用，包括采购费、仓储费、工地保管费、仓储损耗等费用。

3）机械费。机械费是指施工作业所发生的施工机械、仪器仪表使用费，包括施工机械使用费和仪器仪表使用费。

① 施工机械使用费：是指施工机械作业所发生的机械使用费。施工机械使用费以施工机械台班耗用量与施工机械台班单价的乘积表示，施工机械台班单价由下列七项费用组成：

a. 折旧费：是指施工机械在规定的耐用总台班内，陆续收回其原值的费用。

b. 检修费：是指施工机械在规定的耐用总台班内，按规定的检修间隔进行必要的检修，以恢复其正常功能所需的费用。

c. 维护费：是指施工机械在规定的耐用总台班内，按规定的维护间隔进行各级维护和临时故障排除所需的费用，包括为保障机械正常运转所需替换设备与随机配备工具附具的摊销费用，机械运转及日常维护所需润滑与擦拭的材料费用及机械停滞期间的维护费用等。

d. 安拆费及场外运费：安拆费是指施工机械（大型机械除外）在现场进行安装与拆卸所需的人工、材料、机械和试运转费用以及机械辅助设施的折旧、搭设、拆除等费用。场外运费是指施工机械（大型机械除外）整体或分体自停放地点运至施工现场或由一施工地点运至另一施工地点的运输、装卸、辅助材料等费用。

e. 人工费：是指机上司机（司炉）和其他操作人员的人工费。

f. 燃料动力费：是指施工机械在运转作业中所耗用的燃料及水、电等费用。

g. 其他费用：是指施工机械按照国家和有关部门规定应缴纳的车船使用税、保险费及年检费用等。

② 仪器仪表使用费：是指工程施工所需仪器仪表的使用费。仪器仪表使用费以仪器仪表台班耗用量与仪器仪表台班单价的乘积表示，仪器仪表台班单价由折旧费、维护费、校验费和动力费组成。

4）企业管理费。企业管理费是指建筑安装企业组织施工生产和经营管理所需的费用。其内容包括：

① 管理人员工资：是指按规定支付给管理人员的计时工资、奖金、津贴补贴、加班加点工资、特殊情况下支付的工资及相应的职工福利费、劳动保护费等。

② 办公费：是指企业管理办公用的文具、纸张、账表、印刷、邮电、书报、办公软件、现场监控、会议、水电、烧水和集体取暖降温（包括现场临时宿舍取暖降温）等费用。

③ 差旅交通费：是指职工因公出差，调动工作的差旅费，住勤补助费，市内交通费和误餐补助费，职工探亲路费，劳动力招募费，职工退休、退职一次性路费，工伤人员就医路费，工地转移费以及管理部门使用的交通工具的油料、燃料等费用。

④ 固定资产使用费：是指管理和试验部门及附属生产单位使用的属于固定资产的房屋、设备、仪器（包括现场出入管理及考勤设备、仪器）等的折旧、大修、维修或租赁费。

⑤ 工具用具使用费：是指企业施工生产和管理使用的不属于固定资产的工具、器具、家具、交通工具和检验、试验、测绘、消防用具等的购置、维修和摊销费。

⑥ 劳动保险费：是指由企业支付的离退休职工易地安家补助费、职工退职金、六个月以上的病假人员工资、职工死亡丧葬补助费、抚恤费、按规定支付给离休干部的各项经费等。

⑦ 检验试验费：是指施工企业按照有关标准规定，对建筑以及材料、构件和建筑安装物进行一般鉴定、检查所发生的费用，包括自设试验室进行试验所耗用的材料等费用，不包括新结构、新材料的试验费，对构件做破坏性试验及其他特殊要求检验试验的费用和建设单位委托检测机构进行专项及见证取样检测的费用，对此类检测所发生的费用，由建设单位在工程建设其他费用中列支，但对施工企业提供的具有合格证明的材料进行检测不合格的，该检测费用应由施工企业支付。

⑧ 夜间施工增加费：是指因施工工艺要求必须持续作业而不可避免的夜间施工所增加的费用，包括夜班补助费、夜间施工降效、夜间施工照明设备摊销及照明用电等费用。

⑨ 已完工程及设备保护费：是指竣工验收前，对已完工程及工程设备采取的必要保护措施所发生的费用。

⑩ 工程定位复测费：是指工程施工过程中进行全部施工测量放线和复测工作的费用。

⑪ 工会经费：是指企业按《中华人民共和国工会法》规定的全部职工工资总额比例计提的工会经费。

⑫ 职工教育经费：是指按职工工资总额的规定比例计提，企业为职工进行专业技术和职业技能培训，专业技术人员继续教育，职工职业技能鉴定，职业资格认定以及根据需要对职工进行各类文化教育所发生的费用。

⑬ 财产保险费：是指施工管理用财产、车辆等的保险费用。

⑭ 财务费：是指企业为施工生产筹集资金或提供预付款担保，履约担保，职工工资支付担保等所发生的各种费用。

⑮ 税费：是指根据国家税法规定应计入建筑安装工程造价内的城市维护建设税、教育费附加和地方教育附加，以及企业按规定缴纳的房产税、车船使用税、土地使用税、印花税、环保税等。

⑯ 其他：包括技术转让费、技术开发费、投标费、业务招待费、绿化费、广告费、公证费、法律顾问费、审计费、咨询费、危险作业意外伤害保险费等。

5）利润。利润是指施工企业完成所承包工程获得的盈利。

6）规费。规费是指按国家法律、法规规定，由省级政府和省级有关权力部门规定必须缴纳或计取的，应计入建筑安装工程造价内的费用。其内容包括：

① 社会保险费：

a. 养老保险费：是指企业按照规定标准为职工缴纳的基本养老保险费。

b. 失业保险费：是指企业按照规定标准为职工缴纳的失业保险费。

c. 医疗保险费：是指企业按照规定标准为职工缴纳的基本医疗保险费。

d. 生育保险费：是指企业按照规定标准为职工缴纳的生育保险费。

e. 工伤保险费：是指企业按照规定标准为职工缴纳的工伤保险费。

② 住房公积金：是指企业按规定标准为职工缴纳的住房公积金。

7）税金。税金是指国家税法规定的应计入建筑安装工程造价内的建筑服务增值税。

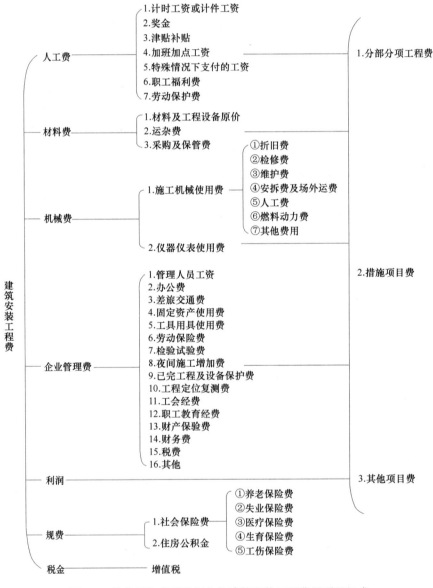

图 8-1　按费用构成要素划分的建筑安装工程费用项目组成

（2）按造价形成划分

建筑安装工程费按照工程造价形成由分部分项工程费、措施项目费、其他项目费、规费、税金组成，如图 8-2 所示。

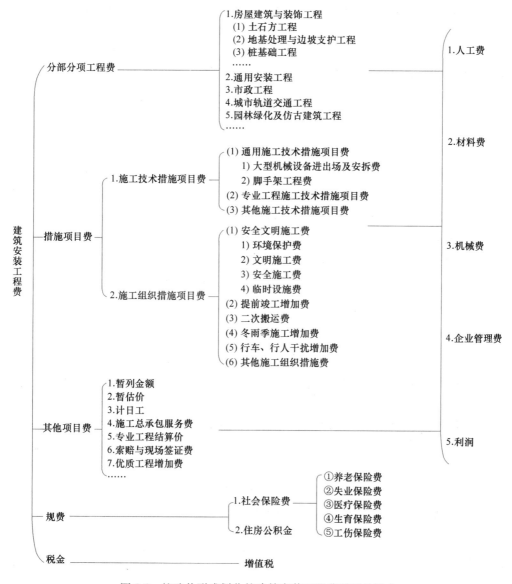

图 8-2　按造价形成划分的建筑安装工程费用项目组成

1）分部分项工程费。分部分项工程费是指根据设计规定，按照施工验收规范，质量评定标准的要求，完成构成工程实体所耗费或发生的各项费用，包括人工费、材料费、机械费和企业管理费、利润。

2）措施项目费。措施项目费是指为完成建筑安装工程施工，按照安全操作规程、文明施工规定的要求，发生于该工程施工前和施工过程中用作技术、生活、安全、环境保护等方面的各项费用，由施工技术措施项目费和施工组织措施项目费构成，包括人工费、材料费、机械费和企业管理费、利润。

施工技术措施项目费包括通用施工技术措施项目费、专业工程施工技术措施项目费和其他施工技术措施项目费。

通用施工技术措施项目费包括大型机械设备进出场及安拆费和脚手架工程费。其中大型机械设备进出场及安拆费是指机械整体或分体自停放场地运至施工现场或由一个施工地点运至另一个施工地点所发生的机械进出场运输、转移（含运输、装卸、辅助材料、架线等）费用及机械在施工现场进行安装、拆卸所需的人工费、材料费、机械费、试运转费和安装所需的辅助设施的费用。脚手架工程费是指施工需要的各种脚手架搭、拆、运输费用以及脚手架购置费的摊销费用。

专业工程施工技术措施项目费是指根据现行国家各专业工程工程量计算规范（以下简称"计量规范"）或各省各专业工程计价定额（以下简称"专业定额"）及有关规定，列入各专业工程措施项目的属于施工技术措施的费用。

其他施工技术措施项目费是指根据各专业工程特点补充的施工技术措施项目的费用。

施工组织措施项目费包括安全文明施工费，提前竣工增加费，二次搬运费，冬雨季施工增加费，行车、行人干扰增加费和其他施工组织措施费等。

安全文明施工费是指按照国家现行的建筑施工安全、施工现场环境与卫生标准和大气污染防治及城市建筑工地、道路扬尘管理要求等有关规定，购置和更新施工安全防护用具及设施、改善安全生产条件和作业环境、防治并治理施工现场扬尘污染所需要的费用。

安全文明施工费内容包括：

① 环境保护费：是指施工现场为达到环保部门要求所需要的包括施工现场扬尘污染防治、治理在内的各项费用。

② 文明施工费：是指施工现场文明施工所需要的各项费用，一般包括施工现场的标牌设置、施工现场地面硬化、现场周边设立围护设施、现场安全保卫及保持场貌、场容整洁等发生的费用。

③ 安全施工费：是指施工现场安全施工所需要的各项费用，一般包括安全防护用具和服装、施工现场的安全警示、消防设施和灭火器材、安全教育培训、安全检查及编制安全措施方案等发生的费用。

④ 临时设施费：是指施工企业为进行建筑工程施工所必须搭设的生活和生产用的临时建筑物、构筑物和其他临时设施等发生的费用。临时设施包括：临时宿舍、文化福利及公用事业房屋与构筑物、仓库、办公室、加工厂（场）以及在规定范围内道路、水、电、管线等临时设施和小型临时设施。临时设施费用包括临时设施的搭设、维修、拆除费或摊销费。

安全文明施工费以实施标准划分，可分为安全文明施工基本费和创建安全文明施工标准化工地增加费（以下简称"标化工地增加费"）。

提前竣工增加费是指因缩短工期要求发生的施工增加费，包括赶工所需发生的夜间施工增加费、周转材料加大投入量和资金、劳动力集中投入等所增加的费用。

二次搬运费是指因施工场地条件限制而发生的材料、构配件、半成品等一次运输不能到达堆放地点，必须进行二次或多次搬运所发生的费用。

冬雨季施工增加费是指在冬季或雨季施工需增加的临时设施、防滑、排除雨雪、人工及施工机械效率降低等费用。

行车、行人干扰增加费是指边施工边维持行人与车辆通行的市政、城市轨道交通、园林绿化等市政基础设施工程及相应养护维修工程受行车、行人干扰影响而降低工效等所增加的费用。

其他施工组织措施费是指根据各专业工程特点补充的施工组织措施项目的费用。

3）其他项目费。其他项目费的构成内容应视工程实际情况按照不同阶段的计价需要进行列项。其中，编制招标控制价和投标报价时，由暂列金额、暂估价、计日工、施工总承包服务费构成；编制竣工结算时，由专业工程结算价、计日工、施工总承包服务费、索赔与现场签证费以及优质工程增加费构成。

① 暂列金额：是指招标人在工程量清单中暂定并包括在合同价款中的一笔款项，用于工程合同签订时尚未确定或者不可预见的所需材料、工程设备、服务的采购、施工中可能发生的工程变更、合同约定调整因素出现时的合同价款调整，以及发生的索赔、现场签证确认等的费用和标化工地、优质工程等费用的追加，包括标化工地暂列金额、优质工程暂列金额和其他暂列金额。

② 暂估价：是指招标人在工程量清单中提供的用于支付必然发生但暂时不能确定价格的材料、工程设备的单价以及施工技术专项措施项目、专业工程等的金额。

其中：

a. 材料及工程设备暂估价：是指发包阶段已经确认发生的材料、工程设备，由于设计标准未明确等原因造成无法当时确定准确价格，或者设计标准虽已明确，但一时无法取得合理询价，由招标人在工程量清单中给定的若干暂估单价。

b. 专业工程暂估价：是指发包阶段已经确认发生的专业工程，由于设计未详尽，标准未明确或者需要由专业承包人完成等原因造成无法当时确定准确价格，由招标人在工程量清单中给定的一个暂估总价。

c. 施工技术专项措施项目暂估价（简称"专项措施暂估价"）：是指发包阶段已经确认发生的施工技术措施项目，由于需要在签约后由承包人提出专项方案并经论证、批准方能实施等原因造成无法当时准确计价，由招标人在工程量清单中给定的一个暂估总价。

③ 计日工：是指在施工过程中，承包人完成发包人提出的工程合同范围以外的零星项目或工作所需的费用。

④ 施工总承包服务费：是指施工总承包人为配合、协调发包人进行的专业工程发包，对发包人自行采购的材料、工程设备等进行保管以及施工现场管理、竣工资料汇总整理等服务所需的费用，包括发包人发包专业工程管理费（以下简称"专业发包工程管理费"）和发包人提供材料及工程设备保管费（以下简称"甲供材料设备保管费"）。

⑤ 专业工程结算价：是指发包阶段招标人在工程量清单中以暂估价给定的专业工程，竣工结算时发承包双方按照合同约定计算并确定的最终金额。

⑥ 索赔与现场签证费：

a. 索赔费用：是指在工程合同履行过程中，合同当事人一方因非己方的原因而遭受损失，按合同约定或法律法规规定应由对方承担责任，从而向对方提出补偿的要求，经双方共同确认需补偿的各项费用。

b. 现场签证费用（以下简称"签证费用"）：是指发包人现场代表（或其授权的监理人、工程造价咨询人）与承包人现场代表就施工过程中涉及的责任事件所做的签认证明中的各项费用。

⑦ 优质工程增加费：是指建筑施工企业在生产合格建筑产品的基础上，为生产优质工程而增加的费用。

4）规费、税金。

 引导问题 3

什么是建设工程投资控制？

_____

_____

_____

 小提示

建设工程投资控制是指在投资决策、设计、发包、施工以及竣工等阶段，把建设工程投资控制在批准的投资限额以内，并随时纠正发生的偏差，以保证项目投资管理目标的实现，以求在建设工程中能合理使用人、财、物，取得较好的投资效益和社会效益。

 引导问题 4

投资控制各阶段的控制目标是什么？

_____

_____

_____

 小提示

建设工程的生产过程是一个周期长、数量大、可变因素多的生产消费过程。依据建设程序，在不同的建设阶段，为了适应建设工程投资控制的要求，需要对建设工程进行多次计价。其过程为：

（1）在项目建议书阶段，应编制初步投资估算，经有关部门批准，即为拟建项目列入国家中长期计划和开展资金筹措等前期工作的控制造价。

（2）在可行性研究阶段，应编制投资估算，经有关部门批准，即为该项目国家计划控制造价。

（3）在初步设计阶段，应编制初步设计总概算，经有关部门批准，即为控制拟建项目工程造价的最高限额。

（4）在施工图设计阶段，应编制施工图预算，用以核实施工图设计阶段造价是否超过

批准的初步设计概算。

（5）对施工图预算为基础招标投标的工程，承包合同价也是以经济合同形式确定的建筑安装工程造价。

（6）在工程实施阶段，要按照施工单位实际完成的工程量，以合同价为基础，同时考虑因物价调整所引起的造价变动，考虑到设计中难以预计的而在实施阶段实际发生的工程费用合理确定结算价。

（7）在竣工验收阶段，全面汇集在工程建设过程中实际花费的全部费用，编制竣工决算，如实体现该建设工程的实际造价。

从投资估算、设计总概算、施工图预算到招标投标合同价，再到各项工程的结算价和最后在结算价基础上编制的竣工决算，整个计价过程是一个由粗到细、由浅到深，最后确定建设工程实际造价的过程。计价过程各环节之间相互衔接，前者制约后者，后者补充前者。

投资的控制目标需按建设阶段分阶段设置，且每一阶段的控制目标值是相对而言的，随着工程项目建设不断深入，投资控制目标也逐步具体和深化。

立足于事先主动地采取控制措施，以尽可能地减少甚至避免投资目标值与实际值的偏离，这是主动的和积极的投资控制方法。也就是说，在进行建设项目投资控制时，不仅需要运用被动的投资控制方法，更需要能动地影响建设项目进展，时常分析投资发生偏离的可能性，采取积极和主动的控制措施，防止或避免投资发生偏差，主动地控制建设项目投资，将可能的损失降到最小。

引导问题 5

投资控制的重点是什么？

小提示

投资控制贯穿于项目建设的全过程，这一点是毫无异议的，但是必须重点突出。图8-3是不同建设阶段影响建设工程投资程度的坐标图。从该图可以看出，影响项目投资最大的阶段，是约占工程项目建设周期 1/4 的技术设计结束前的工作阶段。在初步设计阶段，影响项目投资的可能性为 75%～95%；在技术设计阶段，影响项目投资的可能性为35%～75%；在施工图设计阶段，影响项目投资的可能性则为 5%～35%。很显然，项目投资控制的重点在于施工以前的投资决策和设计阶段，而在项目作出投资决策后，控制项目投资的关键就在于设计。据西方一些国家分析，设计费一般只相当于建设工程全寿命费用的1%以下，但正是这少于 1% 的费用却基本决定了几乎全部随后的费用。由此可见，设计对整个建设工程的效益是何等重要。这里所说的建设工程全寿命费用包括建设投资和工程交付使用后的经常性开支费用（含经营费用、日常维护修理费用、使用期内大修和局部更新费用）以及该项目使用期届满后的报废拆除费用等。

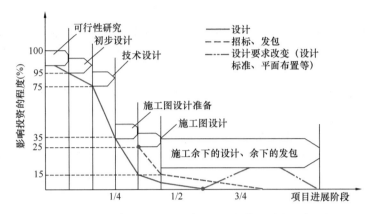

图 8-3　不同建设阶段影响建设项目投资程度的坐标图

引导问题 6

建设工程投资控制的主要任务是什么？

小提示

（1）工程前期阶段投资控制的主要工作

1）审查咨询单位提出的投资估算，提出审查意见。

2）协助建设单位组织专家对项目建议书、可行性研究等成果进行评审。

3）根据合同，协调处理成果提交延期、费用索赔等事宜。

（2）工程勘察设计阶段投资控制的主要工作

1）协助建设单位编制工程勘察设计任务书和选择工程勘察设计单位，并应协助签订工程勘察设计合同。

2）审核勘察单位提交的勘察费用支付申请表，以及签发勘察费用支付证书。

3）审核设计单位提交的设计费用支付申请表，以及签认设计费用支付证书。

4）审查设计单位提交的设计成果，并应提出评估报告。

5）审查设计单位提出的新材料、新工艺、新技术、新设备在相关部门的备案情况。必要时应协助建设单位组织专家评审。

6）审查设计单位提出的设计概算、施工图预算，提出审查意见。

7）分析可能发生索赔的原因，制定防范对策。

8）协助建设单位组织专家对设计成果进行评审。

9）根据勘察设计合同，协调处理勘察设计延期、费用索赔等事宜。

（3）施工阶段投资控制的主要工作

1）进行工程计量和付款签证

① 专业监理工程师对施工单位在工程款支付报审表中提交的工程量和支付金额进行复核，确定实际完成的工程量，提出到期应支付给施工单位的金额，并提出相应的支持性材料。

② 总监理工程师对专业监理工程师的审查意见进行审核，签认后报建设单位审批。

③ 总监理工程师根据建设单位的审批意见，向施工单位签发工程款支付证书。

2）对完成工程量进行偏差分析

项目监理机构应建立月完成工程量统计表，对实际完成量与计划完成量进行比较分析，发现偏差的，应提出调整建议，并应在监理月报中向建设单位报告。

3）审核竣工结算款

① 专业监理工程师审查施工单位提交的竣工结算款支付申请，提出审查意见。

② 总监理工程师对专业监理工程师的审查意见进行审核，签认后报建设单位审批，同时抄送施工单位，并就工程竣工结算事宜与建设单位、施工单位协商；达成一致意见的，根据建设单位审批意见向施工单位签发竣工结算款支付证书；不能达成一致意见的，应按施工合同约定处理。

4）处理施工单位提出的工程变更费用

① 总监理工程师组织专业监理工程师对工程变更费用及工期影响作出评估。

② 总监理工程师组织建设单位、施工单位等共同协商确定工程变更费用及工期变化，会签工程变更单。

③ 项目监理机构可在工程变更实施前与建设单位、施工单位等协商确定工程变更的计价原则、计价方法或价款。

④ 建设单位与施工单位未能就工程变更费用达成协议时，项目监理机构可提出一个暂定价格并经建设单位同意，作为临时支付工程款的依据。工程变更款项最终结算时，应以建设单位与施工单位达成的协议为依据。

5）处理费用索赔

① 项目监理机构应及时收集、整理有关工程费用的原始资料，为处理费用索赔提供证据。

② 审查费用索赔报审表。需要施工单位进一步提交详细资料时，应在施工合同约定的期限内发出通知。

③ 与建设单位和施工单位协商一致后，在施工合同约定的期限内签发费用索赔报审表，并报建设单位。

④ 当施工单位的费用索赔要求与工程延期要求相关联时，项目监理机构可提出费用索赔和工程延期的综合处理意见，并应与建设单位和施工单位协商。

⑤ 因施工单位原因造成建设单位损失，建设单位提出索赔时，项目监理机构应与建设单位和施工单位协商处理。

（4）工程保修阶段投资控制的主要工作

1）对建设单位或使用单位提出的工程质量缺陷，工程监理单位应安排监理人员进行检查和记录，并应要求施工单位予以修复，同时应监督实施，合格后应予以签认。

2）工程监理单位应对工程质量缺陷原因进行调查，并应与建设单位、施工单位协商确定责任归属。对非施工单位原因造成的工程质量缺陷，应核实施工单位申报的修复工程费用，并应签认工程款支付证书。

引导问题 7

建设工程投资控制的措施有哪些？

小提示

为了有效地控制建设工程投资，应从组织、技术、经济、合同与信息管理等多方面采取措施。从组织上采取措施，包括明确项目组织结构，明确投资控制者及其任务，以使投资控制有专人负责，明确管理职能分工；从技术上采取措施，包括重视设计多方案选择，严格审查监督初步设计、技术设计、施工图设计、施工组织设计，深入技术领域，研究节约投资的可能性；从经济上采取措施，包括动态地比较投资的实际值和计划值，严格审核各项费用支出，采取节约投资的奖励措施等。

引导问题 8

前期阶段建设工程投资的主要影响因素是什么？

小提示

前期阶段投资估算的主要影响因素包括以下五个方面：

（1）建设项目所处地区的选择。由于各地经济发展水平存在较大差异。其土地、劳动力、建筑材料的价格也存在较大的差异，即使在同一地区，城市的各种资源价格也会明显高于郊区和农村，土地价格也会有很大不同，从而影响到工程造价。

（2）建设项目所处位置的选择。一个建设项目所处区位对造价有着重大影响。在城市繁华的市中心投资的土地价格相对新开发区投资项目的土地价格会有很大差异，施工费用也会有所不同。区位因素包括交通便捷性、临街状况、周围环境等方面。同一区位，对不同类型的建设项目会有不同的影响。

（3）建设项目建设规模与建设标准。五星级酒店要比三星级酒店的造价高出 50% 左右，高级公寓造价是普通住宅造价的 1 倍以上。这些都说明建设标准对造价有着重要影响。同理，建设规模也一样影响工程造价，要根据实际合理确定项目的规模，项目的规模与生产效益之间也符合边际效益递减规律，即开始时生产效益的提高随着生产规模的扩大而增加，当生产规模扩大到一定程度时，生产效益增加到最大值，之后生产规模再扩大，生产效益将逐渐减少，即规模效益递减。因此，要合理确定工程的建设规模与建设标准。

（4）建设规划设计方案的选定。投资决策阶段建设项目规划设计方案的选定对工程造价的影响也很大。建设项目是选择高层低密度还是多层高密度，结构类型是钢结构还是钢筋混凝土结构等，都对工程造价起着决定作用。

（5）主要设备选用。工业建设项目的设备投资有时会超出建筑安装工程的投资。在现代社会中，智能型办公大楼或酒店项目的设备费用非常高，因此，在满足功能要求和不增加使用过程中的维修费用的情况下，如何比选设备选购方案对造价也有一定的影响。

引导问题 9

前期阶段建设工程投资的控制方法有哪些？

_____

_____

_____

_____

小提示

前期阶段建设工程投资的控制方法：

（1）进行多方案的技术经济比较，择优确定最佳建设方案

首先，最佳建设方案的规模应合理，规模过小，使得资源得不到有效配置，单位产品成本较高，经济效益低下；规模过大，超过了项目产品市场的需求量，则会导致开工不足，产品积压或降价销售，致使项目经济效益低下。其次，建设标准水平应从我国目前的经济发展水平出发，区别不同地区、不同规模、不同等级、不同功能合理确定。再次，还要考虑建设地区及建设地点（厂址）的选择，不仅要符合国家工业布局总体规划和地方规划，而且要靠近原料、燃料和消费地，并要考虑工业基地的聚集规模适当的原则。最后，生产工艺及设备的选型，既要"先进适用"，又要"经济合理"。从而优选出最佳方案，达到控制造价的目的。

（2）建立科学决策体系，合理确定投资估算

投资估算是工程项目投资管理的龙头，只有抓好估算才能真正做到宏观控制，而做好投资估算的前提是项目决策的科学化和合理的投资估算指标。决策科学化的关键在于科学的决策体系（含经济评价参数体系）和决策责任制。合理的投资估算主要取决于投资估算指标。因此，建立科学的决策体系，明确决策责任制，编制高质量的估算指标，是抓好投

资估算的关键。

（3）客观、认真地作好项目评价

建设项目经济评价是在项目决策前的可行性研究和评估中，采用现代化经济分析方法，对拟建项目计算期（包括建设期和生产期）投入、产出诸多因素进行调查、预测、研究、计算和论证，选择推荐最佳方案，作为决策项目的重要依据。项目经济评价是项目可行性研究和评估的核心内容，其目的在于最大限度地提高投资效益。

从具体方面看，由于经济评价分析和参数设立了一套比较科学严谨的分析计算指标和判别依据，使项目和方案经过需要—可能—可行—最佳这样步步深入的分析和比选，把项目和方案的决策建立在优化和最佳的基础上。这就有助于避免由于依据不足、方法不当、盲目决策造成的失误，以便把有限的资源真正用于经济效益好的建设项目。

（4）推行和完善项目法人责任制，从源头上控制工程项目投资

项目法人责任制是国际上的通行做法，是从投资源头上有效地控制工程投资的制度。项目法人责任制是在国家政府宏观调控下，先有法人，后进行建设，法人对建设项目筹划、筹资、人事任免、招标投标、建设直至生产经营管理，债务偿还以及资产保值增值实行全过程、全方位的负责制，按国家规定，法人享有充分的自主权。显然，实行法人责任制有利于建立法人投资主体，形成自我决策、自我约束、自担风险、自求发展的运行机制。由于法人对建设项目从决策到生产经营管理全过程承担了法律责任和风险，真正做到谁决策，谁负责，避免了只有向上争项目、争投资的积极性和动力，而没有科学决策，筹集资金，控制项目质量、工期、造价和提高效益的积极性和压力。同时这也有利于国家用法律、法规和经济手段来规范工程项目投资与建设的全部活动，从而促进建筑市场规范化管理。

引导问题 10

建设工程投资估算文件有哪些内容组成？

_____

_____

_____

小提示

建设工程投资估算文件一般由封面、签署页、编制说明、投资估算分析、总投资估算表、单项工程估算表、主要技术经济指标等内容构成。

（1）投资估算编制说明一般阐述以下内容：

1）工程概况。

2）编制范围。

3）编制方法。

4）编制依据。

5）主要技术经济指标。

6）有关参数、率值选定的说明。

7）特殊问题的说明（包括采用新技术、新材料、新设备、新工艺）；必须说明的价格的确定；进口材料、设备、技术费用的构成与计算参数；采用巨型结构、异型结构的费用的估算方法；环保（不限于）投资占总投资的比重；未包括项目或费用的必要说明等。

8）采用限额设计的工程还应对方案比选的估算和经济指标做进一步说明。

（2）投资分析应包括以下内容：

1）工程投资比例分析。

2）分析设备购置费、建筑工程费、安装工程费、工程建设其他费用、预备费占建设总投资的比例；分析引进设备费用占全部设备费用的比例等。

3）分析影响投资的主要因素。

4）与国内类似工程项目的比较，分析说明投资高低的原因。

（3）总投资估算包括汇总单项工程估算、工程建设其他费用、估算基本预备费、涨价预备费、计算建设期利息等。

（4）单项工程投资估算，应按建设项目划分的各个单项工程分别计算组成工程费用的建筑工程费、设备购置费、安装工程费。

（5）工程建设其他费用估算，应按建设预期将要发生的工程建设其他费用种类，逐渐详细估算其费用金额。

（6）估算人员应根据项目特点，计算并分析整个建设项目、各单项工程和主要单位工程的主要技术经济指标。

其中，项目建议书阶段的投资估算一般要求编制总投资估算，总投资估算表中工程费用的内容应分解到主要单项工程，工程建设其他费用可在总投资估算表中分项计算。

项目建议书阶段建设项目投资估算可采用生产能力指数法、系数估算法、比例估算法、混合法（生产能力指数法与比例估算法，系数估算法与比例估算法等综合使用）、指标估算法等。

可行性研究阶段，建设项目投资估算原则上应采用指标估算法，对于对投资有重大影响的主体工程应估算出分部分项工程量，参考相关综合定额（概算指标）或概算定额编制主要单项工程的投资估算。

预可行性研究阶段、方案设计阶段项目建设投资估算视设计深度，宜参照可行性研究阶段的编制办法进行。

在一般的设计条件下，可行性研究投资估算深度内容上应达到关于"投资估算文件的组成"部分的要求。对于子项单一的大型民用公共建筑，主要单项工程估算应细化到单位工程估算书。可行性研究投资估算深度应满足项目的可行性研究与评估，并最终满足国家和地方相关部门批复或备案的要求。

2. 任务交底

根据给定的工程项目，编审建设工程投资估算。

案例项目中，××区人民政府计划开发建设的××区块道路网工程项目中包括道路工程、人行道工程、桥梁工程、给水工程、雨水工程、污水工程等。该项目投资估算由工程费用、工程建设其他费用、预备费等组成，见表 8-2。

码8-2　前期阶段
投资控制的
任务交底

××某区块道路网工程项目投资估算表　　　　　　　　　　　表 8-2

序号	工程或费用名称	单位	费率	数量或计算基数	单价（元）	建安工程金额（万元）	其他费用（万元）	合计（万元）
	总投资					13059		13059
一	工程费用					7600		7600
（一）	主体工程					7600		7600
1	道路工程	m²		49201	600	2952		2952
2	人行道工程	m²		7944	350	278		278
3	桥梁工程	m²		2406	6000	1444		1444
4	给水工程	m		1750	1350	236		236
5	雨水工程	m		1739	2000	348		348
6	污水工程	m		1855	1800	334		334
7	行道树	棵		491	2000	98		98
8	电力土建管道管线	m		1472	3000	442		442
9	燃气管道	m		1472	1000	147		147
10	交通设施（含交通信号灯）	m		1472	2500	368		368
11	路灯（LED）	盏		148	20000	296		296
12	预留弱电管道	m		1472	700	103		103
13	场地平整	m²		65655	35	230		230
14	挡墙工程	m		360	9000	324		324
二	工程建设其他费用						4837	4837
（一）	建设用地费	万元		107.33	38		4079	4079
（二）	工程建设其他费用						758	758
1	建设单位管理费	万元	1.30%	7600			99	99
2	建设管理其他费（包括工程咨询费、招标代理费）	万元	1.38%	7600			105	105
3	工程监理费	万元	2.60%	7600			198	198
4	设计及地质勘察费	万元	3.60%	7600			274	274
5	可行性研究费	项		1	30000		3	3
6	工程保险费	万元	0.30%	7600			23	23
7	场地准备及临时设施费	万元	0.70%	7600			53	53
8	社会稳定风险评估费	项		1	30000		3	3
三	预备费						622	622
1	基本预备费	万元	5%	12437			622	622
四	合计							13059

利用投资估算审核表对××区块道路网工程项目投资估算表进行审核，审核结论见表 8-3。

投资估算审核表　　　　　　　　　　　　　　　表 8-3

序号	审查内容	审查结论
1	工程费用	√
2	工程建设其他费用	√
3	工程预备费	√
4	建设期贷款利息	不考虑
5	铺底流动资金	不考虑

8.5　工作实施

根据给定的工程项目，模仿案例，参照任务交底，按照工作用表（表 8-4），编审建设工程投资估算。

投资估算审核表　　　　　　　　　　　　　　　表 8-4

序号	审查内容	审查结论
1	工程费用	
2	工程建设其他费用	
3	工程预备费	
4	建设期贷款利息	
5	铺底流动资金	

8.6　评价反馈

相关表格详见表 0-4～表 0-7。

学习情境 9　设计招标阶段投资控制

9.1　学习情境描述

为更好地进行设计阶段的投资控制，××房产开发有限公司计划开发建设的××地块住宅小区项目，在初步设计阶段编审了设计概算，在施工图阶段编审了施工图预算，在招标阶段编审了招标控制价。通过分阶段设置控制目标值进行了有效的投资控制。

9.2　学习目标

(1) 能编审设计概算；

(2) 能编审施工图预算；

(3) 能编审招标控制价。

码9-1　设计招标阶段投资控制的学习情境描述

9.3　任务书

根据给定的工程项目，进行设计招标阶段的投资控制。

9.4　工作准备

1. 知识准备

 引导问题 1

设计阶段投资控制的目标和程序是怎样的？

_____

_____

_____

_____

 小提示

设计阶段投资控制的目标是将投资控制在经批准的可行性研究报告中的投资估算或设计概算以内。用投资估算控制初步设计概算，而初步设计概算又是技术设计和施工图设计阶段的投资控制目标，各专业实施限额设计，按分配的限额指标控制设计，保证施工图预算不超过可行性研究报告中批准的投资估算或设计概算。

工程设计包括设计准备工作，编制各阶段的设计文件，配合施工和参加竣工验收，进行设计总结评价等全过程。

设计阶段投资控制工作流程如图 9-1 所示。

控制时应重点做好以下几项工作：

(1) 计划目标值的论证和分析。实践证明，由于各种主观和客观因素的制约，批准的可行性研究报告中的投资估算或设计概算，有时可能难以实现和不尽合理，需要在设计阶段加以调整和细化。只有控制目标设置得合理、适当，控制才能卓有成效。

(2) 及时对已完设计文件进行评估，进行实际值与目标值的比较，以判断是否存在偏差，对偏差数据进行分析，判断是否采取措施纠偏或调整目标。

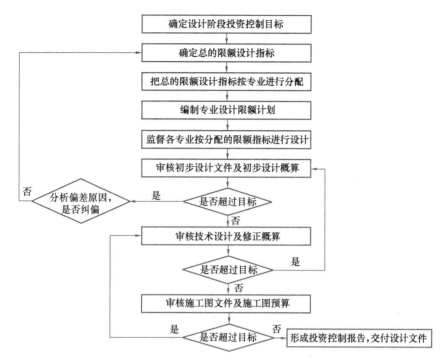

图 9-1 设计阶段投资控制工作流程图

（3）采取措施纠偏以保证投资控制目标的实现。

设计阶段投资控制的主要工作内容是什么？

设计阶段投资控制的主要工作内容如下：

（1）结合工程建设项目的具体特点，收集设计所需的技术经济资料。

（2）充分了解设计意图，编制详细的设计要求文件。

（3）确定设计限额指标，把限额指标分解到具体的专业上。

（4）推行限额指标进行设计。

（5）进行技术经济分析，优化设计。

（6）参与主要设备、材料的选型，从经济角度提出意见及建议。

（7）审核设计概算，对比实际值与目标值。

（8）分析偏差程度及偏差产生原因，制定纠偏措施，随时纠偏。

（9）审核主要设备、材料清单和施工图预算。

 引导问题3

设计阶段投资控制的方法和主要措施有哪些？

 小提示

设计阶段投资控制的方法和主要措施如下：

（1）运用价值工程控制设计阶段的投资

1）价值工程的基本原理

① 价值工程的概念

价值工程是通过各相关领域的协作，对所研究对象的功能与费用进行系统分析，不断创新，旨在提高研究对象价值的思想方法和管理技术。价值工程活动的目的是研究对象的最低寿命周期成本，可靠地实现使用者的所需功能，以获得最佳综合效益。

② 价值工程的特点

a. 以提高价值为目标。研究对象的价值着眼于寿命周期成本。寿命周期成本指产品在其寿命期内所发生的全部费用，包括生产成本和使用费用。提高产品价值就是以最小的资源消耗，获取最大的经济效果。

b. 以功能分析为核心。功能是指研究对象能够满足某种需要的一种属性，即产品的具体用途。功能可分为必要功能和不必要功能，其中必要功能是指用户所要求的功能，以及与实现用户所需求功能有关的功能。价值工程的功能，一般是必要功能。因为用户购买一项产品，其目的不是为了获得产品的本身，而是通过购买该项产品来获得其所需要的功能。因此价值工程对产品的分析，首先是对其功能的分析，通过功能分析，弄清哪些功能是必要的，哪些功能是不必要的。从而在改进方案中去掉不必要的功能，补充不足的功能，使产品的功能结构更加合理，达到可靠地实现使用者所需功能的目的。

c. 以创新为支柱。价值工程强调突破、创新、求精，充分发挥人的主观能动性以发挥创造精神。首先，对原方案进行功能分析，突破原方案的约束。然后，在功能分析的基础上，发挥创新精神，创造更新方案。最后，进行方案对比分析，精益求精。能否创新及其创新程度是关系到价值工程成败与效益高低的关键。

d. 技术分析与经济分析相结合。价值工程是一种技术经济方法，研究功能和成本的合理匹配，是技术分析与经济分析的有机结合。因此，分析人员必须具备技术和经济知识，紧密合作，做好技术经济分析，努力提高产品价值。价值工程尽管在我国还处于起步阶段，但大量的事实证明，它在工程设计中对控制投资、提高工程价值的作

用是很大的。

2）价值工程的基本内容

价值工程一般分为准备阶段、分析阶段、创新阶段、实施阶段。价值工程主要回答和解决下列问题：价值工程的对象是什么？它是做什么用的？它的成本是多少？价值是多少？有没有其他方法实现同样功能？新方案的成本是多少？新方案能满足要求吗？

围绕着这些问题，价值工程的主要内容有：价值工程对象选择，收集资料，功能分析，功能评价，提出改进方案，方案的评价与选择，试验证明，决定实施方案。

需要指出的是，尽管在产品形成的各个阶段都可以应用价值工程提高产品的价值，但在不同的阶段进行价值工程活动，其经济效果的提高幅度却是大不相同的。对于大型复杂的产品来说，应用价值工程的重点是在产品研究设计阶段，当图纸设计完成，产品的价值就基本决定了，这时再进行价值工程分析就变得复杂，不但造成很大的浪费，而且也使价值工程活动的技术经济效果大大降低。工程建设项目是大型复杂的产品，且是特殊的产品，因此，必须在设计阶段开展价值工程活动，才能取得最佳的综合效果。

3）应用价值工程进行设计方案的选择

同一个工程建设项目，可以有不同的设计方案，也就会有不同的造价，投资额度就会不同。为了提高工程建设项目的投资效果，从选择建设场地开始，直到最后结构构件的选择，都应进行多方案比选，从中选取技术先进、经济合理的最佳设计方案。

设计方案优选应考虑：

① 在满足使用要求的前提下，尽可能降低工程造价；在投资限定的情况下，尽可能提高工程建设项目的使用功能。

② 兼顾建设与使用，追求工程建设项目全寿命期费用最低。

③ 兼顾近期与远期的要求，选择项目合理的功能水平，为项目远景发展适当留有余地。

要想取得最佳的设计方案，可用价值工程进行设计方案的比选。价值工程认为，对上位功能进行分析和改善比对下位功能进行分析和改善效果好；对功能领域进行分析和改善比对单个功能进行分析和改善效果好。因此，价值工程既可用于工程建设项目设计方案的分析选择，也可用于单位工程设计方案的分析选择。

4）运用价值工程控制工程设计

① 用价值工程控制目标成本。工程设计决定了建筑产品的目标成本，目标成本是否合理，直接影响工程建设项目建成投产后的经济效益。在施工图确定以前，确定目标成本可以指导施工阶段的投资控制，降低工程建设项目的实际成本，提高经济效益。

② 目标成本的确定主要取决于掌握信息的完全程度。通过价值工程，在设计阶段拥有大量的现代化的信息，追求更高的价值目标，设计出优秀的产品。再通过目标成本的分解，合理地控制目标成本，尽可能地避免浪费，优化设计，达到节约和降低成本的目的。

③ 用价值工程提高投资效益。工程建设项目成本的 70%～90% 确定于设计阶段。当设计方案确定或设计图纸完成后，其结构类型、装修标准和设备、材料等也就限定在一定的条件内，设计水平的高低，直接影响工程建设项目的投资效益。因此，在设计中应用价值工程可充分发挥投资效益。

设计本身就是一项创造性的活动，而价值工程作为有组织的创新活动，强调创新，鼓励创造出更多、更好的设计方案。通过应用价值工程，在工程设计阶段就可以发挥设计人员的创新精神，设计出质优价廉的建设工程，提高工程建设项目的投资效益。

5）应用价值工程审核设计概（预）算

为了提高投资效益，有效地控制工程造价，降低工程建设成本，在设计图纸正式出图前，审核初步设计概算及施工图预算是有效控制工程建设成本与使用功能协调的一种方法。

审核设计概（预）算的程序为：

① 对分部分项工程进行功能分析。计算功能指数和成本指数；比较功能指数和成本指数，计算价值指数；确定理论成本；修正工程建设总投资。

② 确定理论成本。每项工程都是由分部分项工程组成的，如果逐步分析各个分部分项工程，审核时间长，工作量大。因此应选择合适的分部分项工程进行成本核算，方可提高审核工作的效率。通常选择对施工阶段投资影响较大的那些分部分项工程作为审核对象，然后进行功能分析，根据审核对象在整个项目中的重要程度进行定量评价。分析价值指数，若其值大于 1，则成本相对偏低，可能存在功能不足；若其值小于 1，则成本相对偏高，可能存在功能过剩。无论成本偏低还是偏高都需调整设计。最后确定工程建设项目的目标成本，单位工程的目标成本，分部分项工程的目标成本。

③ 修正投资。理论成本是与功能相协调的成本，是工程建设项目投资的合理成本目标。根据各目标成本确定工程建设项目的理论成本，作为审核初步设计概算的控制标准，并以此来修正技术设计概算。

（2）选择合适的设计标准，推广标准设计

设计标准是国家的重要技术规范，是进行工程建设勘察设计、施工及验收的重要依据。各类工程建设的设计都必须制定相应的标准、规范，它是进行工程建设监理的重要依据，与工程建设投资控制密切相关。标准过高，易造成浪费；标准过低，影响使用效果。应根据业主融资情况、行业水平及工程建设项目的特点，选择适宜的设计标准。

标准化设计又称定型设计、通用设计，是工程建设标准化的组成部分。各类工程建设的构配件、通用的建筑物、构筑物、公用设施等，只要有条件的，都应编制标准设计，推广使用。

1）设计标准的经济效益

优秀的设计标准和规范有利于降低投资，缩短工期；有的好设计虽然不能直接降低工程建设项目的投资，但能降低全寿命费用；还有的设计规范，可能使项目投资略有增加，但保证了安全，从宏观上讲，经济效益也是好的。

关键是如何结合具体实施的工程特点，选择一套适宜的标准及规范。

2）推广标准设计

经国家或省、市、自治区批准的建筑、结构和构配件等整套标准技术文件都可称为标准设计，推广标准设计有利于较大幅度地降低工程建设投资。据统计，采用标准设计可加快设计速度 1~2 倍，节约投资 10%~15%。

① 可节约设计费用，大大加快提供设计图纸的速度，缩短设计周期。

② 构件预制厂生产标准件，能使工艺定型，容易提高工人技术，且易使生产均衡和提高劳动生产率，有利于生产成本的大幅度降低。一般可节约 25% 的材料消耗量。

③ 可加快施工准备和定制主材和构配件的工作进度，有利于保证工程质量，降低建筑安装工程费用。一般可降低10％～15％的工程造价。

④ 按通用性条件编制，按规定程序审批，可供大量重复使用，做到既经济又优质。

总之，在工程设计阶段正确处理技术与经济的对立统一关系，是控制项目投资的关键，既要反对片面强调节约，忽视技术上的合理要求而使工程建设项目达不到安全及使用功能要求，又要反对一味重技术、轻经济，设计保守、浪费、脱离国情。设计人员必须考虑经济与技术的有机结合，严格按照设计任务书规定的投资估算，用价值工程原理进行技术经济比较，能动地影响设计，以保证有效地控制投资。

（3）推行限额设计

在工程项目建设过程中，采用限额设计是我国工程建设领域控制投资支出，有效使用建设资金的有力措施。所谓限额设计，就是按照批准的设计任务书及投资估算控制初步设计，按照批准的初步设计总概算控制施工图设计，同时各专业在保证达到使用功能的前提下，按分配的投资限额进行技术设计和施工图设计，不超过总投资限额。

1）限额设计目标的确定

限额目标一般是在初步设计开始前，根据批准的可行性研究报告及其投资估算确定的。限额设计指标一般按直接费的90％确定，预留10％作为最后调节指标。限额指标用完后，必须经批准才能调整。专业之间或专业内部节约下来的单项费用，未经批准，不能相互调用。

2）限额设计程序

限额设计根据设计阶段投资控制的特点按以下程序进行：

① 投资分解。投资分解是实行限额设计的有效途径和主要方法。设计任务书下达后，设计单位按设计任务书的总框架将投资先分配到各专业，然后再分配到各单项工程和单位工程，作为初步设计的投资控制目标。

② 限额进行初步设计。初步设计应严格按分配的投资控制目标进行设计。认真研究实现投资限额的可能性，切实进行多方案比选，对各技术经济方案的关键设备、工艺流程、方案总图、建筑总图和各项费用指标进行比选和分析，从中选出既能达到工程要求，又不超过投资限额的方案，作为初步设计方案。

③ 限额进行施工图设计。已批准的初步设计文件是施工图设计的依据，在施工图设计中，无论是建设工程项目的总投资还是单项工程的造价，均不能超过初步设计概算。设计单位按照投资控制目标确定施工图设计构造，选用材料和设备等。

④ 严格施工图设计变更。在初步设计阶段由于外部条件的制约和人们主观认识的局限，往往会造成施工图设计的局部修改和变更。这种变化在一定范围内是允许的，但必须经过核算和调整并尽量提前，以防初步设计对施工图设计失去指导意义。

限额设计控制工程建设项目的投资可以从两个方面着手：一是按照限额设计过程从前往后依次进行控制，称为纵向控制；二是对设计单位及其内部各专业，科室及设计人员进行考核，实施奖惩，从而保证设计质量的控制方法，称为横向控制。横向控制首先必须建立健全的奖惩制度，明确各设计单位以及其内部各专业等对限额设计所应承担的责任，将工程建设项目的投资按专业进行分配，并分段考核，奖惩分明；其次应对采用新材料、新工艺、新设备、新方案等节约的投资给予一定的奖励。

设计概算的编制内容是什么？

设计概算文件的编制形式视情况采用三级概算编制或二级概算编制形式。对单一的、具有独立性的单项工程建设项目，可按二级编制形式直接编制总概算。建设工程总概算的组成如图 9-2 所示，单项工程综合概算的组成如图 9-3 所示，单位工程概算的组成如图 9-4 所示。

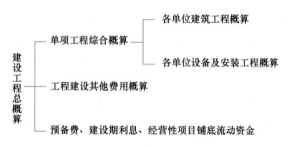

图 9-2　建设工程总概算的组成

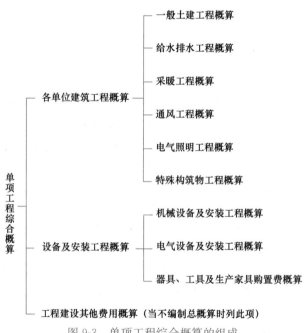

图 9-3　单项工程综合概算的组成

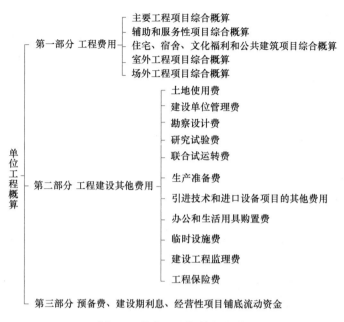

图 9-4 单位工程概算的组成

三级编制（建设工程总概算、单项工程综合概算、单位工程概算）形式设计概算文件的组成为：封面、签署页及目录；编制说明；总概算表；其他费用表；综合概算表；单位工程概算表；补充单位估价表（附件）。

二级编制（建设工程总概算、单位工程概算）形式设计概算文件的组成为：封面、签署页及目录；编制说明；总概算表；其他费用表；单位工程概算表；补充单位估价表（附件）。

设计概算审查的主要内容是什么？

设计概算审查的主要内容如下：

（1）审查设计概算的编制依据

1）合法性审查。采用的各种编制依据必须经过国家或授权机关的批准，符合国家的编制规定。未经过批准的编制依据不得以任何借口采用，不得强调特殊理由擅自提高费用标准。

2）时效性审查。对定额、指标、价格、取费标准等各种依据，都应根据国家有关部门的现行规定执行。对颁发时间较长、已不能全部适用的应按有关部门的调整系数执行。

3）适用范围审查。各主管部门、各地区规定的各种定额及其取费标准均有各自的适用范围，特别是各地区的材料预算价格区域性差别较大，在审查时应给予高度重视。

（2）审查设计概算构成内容

1）建筑工程概算的审查

① 工程量审查。按照初步设计图纸、概算定额、工程量计算规则的要求进行审查。

② 采用的定额或指标的审查。审查定额或指标的使用范围、定额基价、指标的调整、定额或指标缺项的补充等。其中，审查补充的定额或指标时，其项目划分、内容组成、编制原则等须与现行定额水平一致。

③ 材料预算价格的审查。以耗用量最大的主要材料作为审查的重点，同时着重审查材料原价、运输费用及节约材料运输费用的措施。

④ 各项费用的审查。审查各项费用所包含的具体内容是否重复计算或遗漏、取费标准是否符合国家有关部门或地方规定的标准。

2）设备及安装工程概算的审查

设备及安装工程概算审查的重点是设备清单与安装费用的计算。

① 标准设备原价，应根据设备所被管辖的范围，审查各级规定的统一价格标准。

② 非标准设备原价，除审查价格的估算依据、估算方法外还要分析研究非标准设备估价准确度的有关因素及价格变动规律。

③ 设备运杂费审查，需注意：若设备价格中已包括包装费和供销部门手续费时不应重复计算，应相应降低设备运杂费率。

④ 进口设备费用的审查，应根据设备费用各组成部分及国家设备进口、外汇管理、海关、税务等有关部门不同时期的规定进行。

⑤ 设备安装工程概算的审查，除编制方法、编制依据外，还应注意审查：a. 采用预算单价或扩大综合单价计算安装费时的各种单价是否合适、工程量计算是否符合规则要求、是否准确无误；b. 当采用概算指标计算安装费时采用的概算指标是否合理、计算结果是否达到精度要求；c. 审查所需计算安装费的设备数量及种类是否符合设计要求，避免某些不需安装的设备安装费计入在内。

引导问题6

施工图预算的编制内容是什么？

小提示

施工图预算根据建设项目实际情况可采用三级预算编制或二级预算编制形式。当建设项目有多个单项工程时，应采用三级预算编制形式，三级预算编制形式由建设项目总预算、单项工程综合预算、单位工程预算组成。当建设项目只有一个单项工程时，应采用二级预算编制形式，二级预算编制形式由建设项目总预算和单位工程预算组成。

（1）建设项目总预算

建设项目总预算是反映施工图设计阶段建设项目投资总额的造价文件，是施工图预算文件的主要组成部分。建设项目总预算由组成该建设项目的各个单项工程综合预算和相关费用组成。

（2）单项工程综合预算

单项工程综合预算是反映施工图设计阶段一个单项工程（设计单元）造价的文件，是总预算的组成部分。单项工程综合预算由构成该单项工程的各个单位工程施工图预算组成。

（3）单位工程预算

单位工程预算是依据单位工程施工图设计文件、现行预算定额以及人工、材料和施工机具台班价格等，按照规定的计价方法编制的工程造价文件。

（4）工程预算文件的内容

采用三级预算编制形式的工程预算文件包括：封面、签署页及目录、编制说明、总预算表、综合预算表、单位工程预算表、附件等内容。

采用二级预算编制形式的工程预算文件包括：封面、签署页及目录、编制说明、总预算表、单位工程预算表、附件等内容。

引导问题 7

施工图预算的审查内容是什么？

小提示

施工图预算的审查内容如下：

（1）审查施工图预算的编制是否符合现行国家、行业、地方政府有关法律、法规和规定要求。

（2）审查工程量计算的准确性、工程量计算规则与计价规范规则或定额规则的一致性。工程量是确定建筑工程造价的决定因素，是预算审查的重要内容。

工程量审查中常见的问题为：

1）多计工程量。计算尺寸以大代小，按规定应扣除的不扣除。

2）重复计算工程量，虚增工程量。

3）项目变更后，该减的工程量未减。

4）未考虑施工方案对工程量的影响。

（3）审查在施工图预算的编制过程中，各种计价依据使用是否恰当，各项费率计取是否正确；审查依据主要有施工图设计资料、有关定额、施工组织设计、有关造价文件规定和技术规范、规程等。

（4）审查各种要素市场价格选用、应计取的费用是否合理。

预算单价是确定工程造价的关键因素之一，审查的主要内容包括单价的套用是否正确，换算是否符合规定，补充的定额是否按规定执行。

根据现行规定，除规费、措施费中的安全文明施工费和税金外，企业可以根据自身管理水平自主确定费率，因此，审查各项应计取费用的重点是费用的计算基础是否正确。

除建筑安装工程费用组成的各项费用外，还应列入调整某些建筑材料价格所造成的材料差价。

（5）审查施工图预算是否超过概算以及进行偏差分析。

招标阶段投资控制的目标是什么？

招标阶段投资控制的目标应使工程承包合同价不超过批准的设计概算或施工图预算，严格以批准的设计概算为控制目标，编制施工招标文件，起草施工合同条款，拟订工程量清单和工料说明等，通过招标选择合适的承包商，并使签订的工程承包合同价在批准的设计概算或施工图预算内。

招标阶段投资控制的方法是什么？

招标阶段是确定工程造价的关键时刻，招标阶段投资控制的方法就是严格地进行工程量清单及招标控制价的编制。

招标控制价是业主方核实投资规模的依据，是衡量投标单位报价及评标、定标的准绳。因此，招标控制价必须以严格认真的态度和科学的方法来编制，应体现国家、业主和承包商三者的利益，实事求是，切合实际。

按照我国现行规定，工程量清单计价已成为招标中的主要计价方式。

招标控制价编制以施工图预算和设计概算等为基础，但招标控制价应比施工图预算和设计概算更为接近工程实际造价。因此，编制招标控制价应根据现场的具体情况，考虑必要的措施费；根据不同的材料供应方式和材料差价的处理方法，提供各种材料价格清单；应考虑建设单位的质量要求；必须适应目标工期的要求等。

引导问题 10

招标控制价的编制内容是什么？

小提示

招标控制价是招标人根据国家或省级、行业建设主管部门颁发的有关计价依据和办法，以及拟定的招标文件和招标工程量清单，结合工程具体情况编制的招标工程的最高投标限价。

招标控制价包括分部分项工程费的确定、措施项目费的确定、其他项目费的确定、规费和税金的确定等。

引导问题 11

招标控制价的审查内容是什么？

小提示

按照我国现行规定，工程量清单计价已成为招标中的主要计价方式，按工程量清单计价方式编制的招标控制价已经逐渐取代传统的标底。

招标控制价的审查内容如下：

（1）招标控制价金额是否在批准的初步设计概算范围内。

我国对国有资金投资项目的投资控制实行的是投资概算审批制度，国有资金投资的工程原则上不能超过批准的投资概算。因此，在工程招标发包时，当编制的招标控制价超过批准的概算，招标人应当将其报原概算审批部门重新审核。

（2）清单编制方法是否和招标文件统一。

（3）预算编制内容是否与施工图一致。

（4）分部分项工程量。

工程量计算是否准确，计价子项列项是否合理，项目编码是否重复，项目特征描述是否完整、准确，是否有缺项、漏项。因为工程量清单的准确性和完整性由招标人负责，为避免因工程量不准确和清单掉项、漏项可能在施工中引起索赔事件，必须对工程量清单的准确性和完整性进行审核。

（5）措施项目。

措施项目的选用和计价是否合理，是否符合正常施工程序，工程取费是否执行相应基数和费率标准。

（6）其他项目。

暂定金额、暂估价、计日工是否结合本工程情况列项，总承包服务费是否按标准计取；对材料暂估单价和专业工程暂估价的合理性进行审核，以防材料暂估价和专业工程暂估价过低，投标单位利用此来抬高工程造价。

码9-2 设计招标阶段投资控制的任务交底

2. 任务交底

根据给定的工程项目，编审设计概算，编审施工图预算及招标控制价。

表 9-1 为××项目总概算表，表 9-2 为××项目概算对比表。

××项目总概算表　　　　　　　　　　　　　　　　表 9-1

序号	工程或费用名称	合计（万元）	技术经济指标		占总造价比重（%）	备注
			建筑面积（m²）	单位造价（元/m²）		
一	建筑安装工程费用	861.68			56.07	
1	室内装修工程	453.49	4907.50	924.08	30.56	
2	给水排水工程	68.10	4907.50	138.77	4.59	
3	电气工程	42.46	4907.50	86.52	2.86	
4	室外道路及景观工程	79.97			5.29	
5	绿化工程	5.81	1077.90	53.90	0.39	
6	通风防排烟工程	41.57	4907.50	84.71	2.80	
7	智能化工程	164.37	4907.50	334.99	11.08	
8	室外给水排水工程	5.91			0.40	
二	设备工程	452.97	4907.80	923.02	30.53	详设备清单
三	工程建设其他费用					
1	建设单位管理费	61.83	4907.50	125.99	4.17	
1.1	项目建设管理费	28.35	4907.50	57.77	1.91	

续表

序号	工程或费用名称	合计（万元）	技术经济指标		占总造价比重（%）	备注
			建筑面积（m²）	单位造价（元/m²）		
1.2	建设管理其他费	16.62	4907.50	33.96	1.12	
1.3	工程监理费	16.87	4907.50	34.27	1.14	参考《建设工程监理与相关服务收费管理规定》
2	可行性研究费	3.00	4907.50	6.11	0.20	
3	勘察设计费	23.04	4907.50	46.94	1.55	
4	场地准备及临时设施费	9.20	4907.50	18.75	0.62	0.70%
5	工程保险费	1.28	4907.50	2.81	0.09	0.105%
6	特种设备安全监督检验费					
7	空气治理费					
8	户外地面材质的检测费					
	小计	98.45			6.64	
四	预备费用	70.66			4.76	
1	基本预备费	70.66			4.76	5%
2	涨价预备费					不计取
五	项目概算投资	1483.76			100.00	

××项目概算对比表

表 9-2

序号	工程或费用名称	送审			审定			核增减金额（万元）
		合计（万元）	技术经济指标		合计（万元）	技术经济指标		
			建筑面积（m²）	单位造价（元/m²）		建筑面积（m²）	单位造价（元/m²）	
一	建筑安装工程费用	902.05			861.68			−40.37
1	室内装修工程	480.01	4907.50	978.12	453.49	4907.50	924.08	−26.52
2	给水排水工程	69.46	4907.50	141.54	68.10	4907.50	138.77	−1.36
3	电气工程	44.32	4907.50	90.32	42.46	4907.50	86.52	−1.86
4	室外道路及景观工程	87.84			79.97			−7.87
5	绿化工程	8.59	1077.90	79.74	5.81	1077.90	53.90	−2.78
6	通风防排烟工程	41.55	4907.50	84.67	41.57	4907.50	84.71	0.02
7	智能化工程	164.37	4907.50	334.94	164.37	4907.50	334.93	0.00
8	室外给水排水工程	5.91			5.91			0.00
二	设备工程	452.97	4907.50	923.02	452.97	4907.50	923.02	0.00
三	工程建设其他费用	107.6			98.45			−9.15

续表

序号	工程或费用名称	送审 合计（万元）	送审 技术经济指标 建筑面积（m²）	送审 技术经济指标 单位造价（元/m²）	审定 合计（万元）	审定 技术经济指标 建筑面积（m²）	审定 技术经济指标 单位造价（元/m²）	核增减金额（万元）
1	建设单位管理费	54.57	4907.50	111.20	61.83	4907.50	125.99	7.26
1.1	项目建设管理费	20.75	4907.50	35.77	28.35	4907.60	57.77	7.60
1.2	建设管理其他费	16.24	4907.50	28.01	16.62	4907.50	33.86	0.38
1.3	工程监理费	17.58	4907.50	47.05	16.87	4907.50	34.37	−0.71
2	可行性研究费	3.00	4907.50	6.11	3.00	4907.50	6.11	0.00
3	勘察设计费	29.98	4907.50	0.00	23.04	4907.50	46.94	−6.94
4	场地准备及临时设施费	10.84	4907.50	22.96	9.20	4907.50	18.75	−1.64
5	工程保险费	2.71	4907.50	5.74	1.38	4907.50	2.81	−1.33
6	特种设备安全监督检验费	0.50			0.00			−0.50
7	空气治理费	6.00			0.00			−6.00

利用设计概算审核表对该项目设计概算表进行审核，审核结论见表9-3。

设计概算审核表　　　　表 9-3

序号	审查内容	审查结论
1	建筑工程概算	√
2	设备及安装工程概算	√
3	工程建设其他费用	√
4	工程预备费	√
5	建设期利息	不考虑
6	铺底流动资金	不考虑

表9-4为××项目专业工程招标控制价费用审核表，表9-5为××项目分部分项工程清单与计价审核表的部分范例。

××项目专业工程招标控制价费用审核表　　　表 9-4

单位工程名称：××项目部用房　　　　　　第1页 共1页

序号	费用名称	计算公式	金额（元）
1	分部分项工程费	Σ（分部分项工程数量×综合单价）	4075660.00
1.1	其中 人工费＋机械费	Σ分部分项（人工费＋机械费）	890944.00
2	措施项目费		592923.00
2.1	施工技术措施项目	Σ（技术措施工程数量×综合单价）	495467.00
2.1.1	其中 人工费＋机械费	Σ技术措施项目（人工费＋机械费）	265113.00
2.2	施工组织措施项目	按实际发生项之和进行计算	97456.00
2.2.1	其中 安全文明施工基本费		91675.00

续表

序号	费用名称	计算公式	金额（元）
3	其他项目费		
3.1	暂列金额	3.1.1＋3.1.2＋3.1.3	
3.1.1	标化工地增加费	按招标文件规定额度列计	
3.1.2	优质工程增加费	按招标文件规定额度列计	
3.1.3	其他暂列金额	按招标文件规定额度列计	
3.2	暂估价	3.2.1＋3.2.2＋3.2.3	
3.2.1	材料（工程设备）暂估价	按招标文件规定额度列计（或计入综合单价）	
3.2.2	专业工程暂估价	按招标文件规定额度列计	
3.2.3	专项技术措施暂估价	按招标文件规定额度列计	
3.3	计日工	Σ计日工（暂估数量×综合单价）	
3.4	施工总承包服务费	3.4.1＋3.4.2	
3.4.1	专业发包工程管理费	Σ专业发包工程（暂估金额×费率）	
3.4.2	甲供材料设备管理费	甲供材料暂估金额×费率＋甲供设备暂估金额	
4	规费	计算基数×费率	298032.00
5	增值税	计算基数×费率	446995.00
	招标控制价合计	1＋2＋3＋4＋5	5413610.00

××项目分部分项工程清单与计价审核表（范例）

表 9-5

专业工程名称：建筑装饰工程　　　　　　　　　　　　　　　　　　　第 1 页　共 18 页

序号	项目编码	项目名称	项目特征	计量单位	工程量	综合单价	合价	人工费	机械费	暂估价	备注
		0101 土石方工程					7022	3329	2360	0	
1	010101003001	挖沟槽土方	1. 土方类别：根据地质勘察报告及现场自行确定　2. 开挖类别：机械开挖　3. 挖土深度：根据地质勘察报告及现场自行确定	m³	181.77	6.39	1162	505.32	434.43		
2	010101004001	挖基坑土方	1. 土方类别：根据地质勘察报告及现场自行确定　2. 开挖类别：机械开挖　3. 挖土深度：根据地质勘察报告及现场自行确定	m³	146.43	6.39	936	407.08	349.97		

续表

序号	项目编码	项目名称	项目特征	计量单位	工程量	金额（元）					备注
						综合单价	合价	其中			
								人工费	机械费	暂估价	
3	010103001001	回填方	回填方式自行考虑，回填土质及密实度满足设计要求	m³	189.10	15.76	2980	2324.04	85.10		
4	010103002001	余方弃置	余土外运装载机装土，自卸汽车运土，堆放点投标人自行考虑	m³	110.74	17.56	1945	93.02	1480.59		
		0103 桩基工程					492583	83057	83496	0	
5	010301004001	截（凿）桩头	1. 凿桩灌注桩 2. 废渣外运，装车方式及运距自行考虑	m³	12.06	288.21	3476	2354.47	452.61		
6	010302001001	泥浆护壁成孔灌注桩	灌注混凝土冲孔桩，非泵送水下商品混凝土C30	m³	306.26	781.14	239232	9907.51			
7	010302001002	泥浆护壁成孔灌注桩	泥浆池建造和拆除泥浆外运，运距自行考虑	m³	306.26	122.63	37557	11680.76	17796.77		
		本页小计					287288	27272	20599	0	

利用招标控制价审核表对该项目招标控制价进行审核，审核结论见表9-6。

招标控制价审核表　　　　　　　　　　　　　　表9-6

序号	审查内容	审查结论
1	分部分项工程费	√
2	措施项目费	√
3	其他项目费	√
4	规费	√
5	税金	√

9.5 工作实施

根据给定的工程项目，模仿案例，参照任务交底，按照工作用表（表9-7、表9-8），编审设计概算、施工图预算及招标控制价，其中编制的能力训练在其他专业课程中实施。

设计概算审核表　　　　　　　　　　　　　表 9-7

序号	审查内容	审查结论
1	建筑工程概算	
2	设备及安装工程概算	
3	工程建设其他费用	
4	工程预备费	
5	建设期利息	
6	铺底流动资金	

招标控制价审核表　　　　　　　　　　　　表 9-8

序号	审查内容	审查结论
1	分部分项工程费	
2	措施项目费	
3	其他项目费	
4	规费	
5	税金	

9.6　评价反馈

相关表格详见表 0-4～表 0-7。

学习情境 10　施工阶段投资控制

10.1　学习情境描述

××国家旅游度假区基础设施建设开发中心开发建设的××地块规划 36 班小学一期土建工程项目依据合同中约定的支付方式即按工程形象进度支付,本项目已完成基础工程工作需支付进度款。施工单位提交工程款支付报审表及附件,经监理单位审核,建设单位审批后由监理单位开具工程款支付证书进行支付。案例项目进行中,发生了变更和索赔事项,编写了索赔意向通知书和费用索赔报审表,采用现场签证的方法固定部分事实。

10.2　学习目标

(1) 能编写工程款支付报审表和工程款支付证书;
(2) 能编写索赔意向通知书和费用索赔报审表;
(3) 能编写现场签证表。

码10-1　施工阶段
投资控制的
学习情境描述

10.3　任务书

根据给定的工程项目,编写工程款支付报审表、工程款支付证书、索赔意向通知书、费用索赔报审表和现场签证表。

10.4　工作准备

1. 知识准备

引导问题 1

什么是工程结算?工程结算是怎样分类的?

_____

_____

_____

_____

小提示

工程结算是指建筑工程施工企业在完成工程任务后,依据施工合同的有关规定,按照规定程序向建设单位收取工程价款的一项经济活动。

工程结算的意义:(1) 反映工程进度的主要指标;(2) 加速资金周转的重要环节;(3) 考核经济效益的重要指标。

工程结算必须采取阶段性结算的方法,分为工程价款结算和工程竣工结算两种。

工程价款结算是指施工企业在工程实施过程中,依据施工合同中关于付款条款和工程进展所完成的工程量,按照规定程序向建设单位收取工程价款。

工程竣工结算是指施工企业按照合同规定的内容,全部完成所承包的单位工程或单项工程,经有关部门验收质量合格,并符合合同要求后,按照规定程序向建设单位办理最终工程价款结算。

引导问题 2

什么是工程预付款？

小提示

　　工程预付款是建设工程施工合同订立后由发包人按照合同约定，在正式开工前预先支付给承包人的工程款。它是施工准备和所需要材料、结构件等流动资金的主要来源。工程是否实行预付款，取决于工程性质、承包工程量的大小及发包人在招标文件中的规定。工程实行预付款的，发包人应按照合同约定支付工程预付款，承包人应将预付款专用于合同工程。支付的工程预付款，按照合同约定在工程进度款中抵扣。

　　（1）预付款的支付

　　1）额度：不宜高于合同额的 30%。包工包料工程的预付款的支付比例不得低于签约合同价（扣除暂列金额）的 10%，不宜高于签约合同价（扣除暂列金额）的 30%。对重大工程项目，按年度工程计划逐年预付。实行工程量清单计价的工程，实体性消耗和非实体性消耗部分应在合同中分别约定预付款比例（或金额）。

　　2）支付时间：承包人应在签订合同或向发包人提供与预付款等额的预付款保函后向发包人提交预付款支付申请。发包人应在收到支付申请的 7 天内进行核实后向承包人发出预付款支付证书，并在签发支付证书后的 7 天内向承包人支付预付款。发包人没有按合同约定按时支付预付款的，承包人可催告发包人支付；发包人在预付款期满后的 7 天内仍未支付的，承包人可在付款期满后的第 8 天起暂停施工。发包人应承担由此增加的费用和延误的工期，并应向承包人支付合理利润。

　　（2）预付款的扣回

　　发包人拨付给承包人的工程预付款属于预支的性质。随着工程进度的推进，拨付的工程进度款数额不断增加，工程所需主要材料、构件的储备逐步减少，原已支付的预付款应以抵扣的方式从工程进度款中予以陆续扣回。预付款从每一个支付期应支付给承包人的工程进度款中扣回，直到扣回的金额达到合同约定的预付款金额为止。承包人的预付款保函的担保金额根据预付款扣回的数额相应递减，但在预付款全部扣回之前一直保持有效。发包人应在预付款扣完后的 14 天内将预付款保函退还给承包人。

　　预付的工程款必须在合同中约定扣回方式，常用的扣回方式有以下几种。

　　1）在承包人完成金额累计达到合同总价一定比例（双方合同约定）后，采用等比率或等额扣款的方式分期抵扣。也可针对工程实际情况具体处理，如有些工程工期较短、造价较低，就无须分期扣还；有些工期较长，如跨年度工程，其预付款的占用时间很长，根据需要可以少扣或不扣。

2）从未完施工工程尚需的主要材料及构件的价值相当于工程预付款数额时起扣，从每次中间结算工程价款中，按材料及构件比重抵扣工程预付款，至竣工之前全部扣清。其基本计算公式如下所示。

① 起扣点的计算公式

$$T = P - \frac{M}{N}$$

式中 T——起扣点，即工程预付款开始扣回的累计已完工程价值；

P——承包工程合同总额；

M——工程预付款数额；

N——主要材料及构件占合同总额的比重。

② 第一次扣还工程预付款数额的计算公式

$$a_1 = \left(\sum_{i=1}^{n} T_i - 1\right) \times N$$

式中 a_1——第一次扣还工程预付款数额；

$\sum_{i=1}^{n} T_i$——累计已完工程价值。

③ 第二次及以后各次扣还工程预付款数额的计算公式

$$a_i = T_i \times N$$

式中 a_i——第 i 次扣还工程预付款数额（$i>1$）；

T_i——第 i 次扣还工程预付款时，当期结算的已完工程价值。

关于安全文明施工费有何规定？

鉴于安全文明施工的措施具有前瞻性，必须在施工前予以保证。因此，发包人应在工程开工后的 28 天内预付不低于当年施工进度计划的安全文明施工费总额的 50%，其余部分按照提前安排的原则进行分解，与进度款同期支付。发包人没有按时支付安全文明施工费的，承包人可催告发包人支付；发包人在付款期满后的 7 天内仍未支付的，若发生安全事故，发包人应承担相应责任。

承包人对安全文明施工费应专款专用，在财务账目中单独列项备查，不得挪作他用，否则发包人有权要求其限期改正；逾期未改正的，造成的损失和延误的工期由承包人承担。

引导问题 4

关于进度款有何规定？

_____

_____

_____

_____

小提示

建设工程合同是先由承包人完成建设工程，后由发包人支付合同价款的特殊承揽合同，由于建设工程具有投资大、施工期长等特点，合同价款的履行顺序主要通过"阶段小结、最终结清"来实现。当承包人完成了一定阶段的工程量后，发包人就应该按合同约定履行支付工程进度款的义务。

发承包双方应按照合同约定的时间、程序和方法，根据工程计量结果，办理期中价款结算，支付进度款。进度款支付周期，应与合同约定的工程计量周期一致。其中，工程量的正确计量是发包人向承包人支付进度款的前提和依据。计量和付款周期可采用分段或按月结算与支付的方式。

（1）按月结算与支付。即实行按月支付进度款，竣工后结算的办法。合同工期在 2 个年度以上的工程，在年终进行工程盘点，办理年度结算。

（2）分段结算与支付。即当年开工、当年不能竣工的工程按照工程形象进度，划分不同阶段，支付工程进度款。

当采用分段结算与支付方式时，应在合同中约定具体的工程分段划分方法，付款周期应与计量周期一致。

《建设工程工程量清单计价规范》GB 50500—2013 规定：已标价工程量清单中的单价项目，承包人应按工程计量确认的工程量与综合单价计算；如综合单价发生调整的，以发承包双方确认调整的综合单价计算进度款。已标价工程量清单中的总价项目，承包人应按合同中约定的进度款支付分解，分别列入进度款支付申请中的安全文明施工费和本周期应支付的总价项目的金额中。发包人提供的甲供材料金额，应按照发包人签约提供的单价和数量从进度款支付中扣出，列入本周期应扣减的金额中。进度款的支付比例按照合同约定，按期中结算价款总额计，不低于 60%，不高于 90%。

引导问题 5

什么是工程计量？工程计量的依据和方法是什么？

_____

_____

_____

_____

工程计量是指根据发包人提供的施工图纸、工程量清单和其他文件，项目监理机构对承包人申报的合格工程的工程量进行的核验。它不仅是控制项目投资支出的关键环节，同时也是约束承包人履行合同义务，强化承包人合同意识的手段。工程量的正确计量是发包人向承包人支付工程进度款的前提和依据，必须按照相关工程现行国家计量规范规定的工程量计算规则计算。工程计量可选择按月或按工程形象进度分段计量，具体计量周期在合同中约定。因承包人原因造成的超出合同工程范围施工或返工的工程量，发包人不予计量。成本加酬金合同参照单价合同计量。

工程计量的依据一般有质量合格证书、工程量清单前言、技术规范中的"计量支付"条款和设计图纸。也就是说，计量时必须以这些资料为依据。

（1）质量合格证书。对于承包人已完的工程，并不是全部进行计量的，而只是质量达到合同标准的已完工程才予以计量。所以工程计量必须与质量监理紧密配合，经过专业工程师检验，工程质量达到合同规定的标准后，由专业工程师签署报验申请表（质量合格证书）。只有质量合格的工程才予以计量。所以说质量监理是计量监理的基础，计量又是质量监理的保障，通过计量支付，强化承包人的质量意识。

（2）工程量清单前言和技术规范的"计量支付"条款。工程量清单前言和技术规范是确定计量方法的依据。因为工程量清单前言和技术规范的"计量支付"条款规定了清单中每一项工程的计量方法，同时还规定了按规定的计量方法确定的单价所包括的工作内容和范围。例如，某高速公路技术规范计量支付条款规定：所有道路工程、隧道工程和桥梁工程中的路面工程按各种结构类型及各层不同厚度分别汇总，以图纸所示或工程师指示为依据，按经监理工程师验收的实际完成数量，以平方米为单位分别计量。计量方法是根据路面中心线的长度乘以图纸所表明的平均宽度，再加单独测量的岔道、加宽路面、喇叭口和道路交叉处的面积，以平方米为单位计量。除监理工程师书面批准外，凡超过图纸所规定的任何宽度、长度、面积或体积均不予计量。

（3）设计图纸。单价合同以实际完成的工程量进行结算，但被监理工程师计量的工程数量，并不一定是承包人实际施工的数量。计量的几何尺寸要以设计图纸为依据，监理工程师对承包人超出设计图纸要求增加的工程量和自身原因造成返工的工程量，不予计量。例如，在某高速公路施工监理中，灌注桩的计量支付条款中规定按照设计图纸以延米计量，其单价包括所有材料及施工的各项费用。根据这个规定，如果承包人施工了35m，而桩的设计长度30m，则只计量30m，发包人按30m付款。承包人多施工了5m灌注桩所消耗的钢筋及混凝土材料，发包人不予补偿。

一般只对以下三方面的工程项目进行计量：工程量清单中的全部项目；合同文件中规定的项目；工程变更项目。一般可按照以下方法进行计量。

（1）均摊法。所谓均摊法，就是对清单中某些项目的合同价款，按合同工期平均计量。如为监理人提供宿舍，保养测量设备，保养气象记录设备，维护工地清洁和整洁等。这些项目都有一个共同的特点，即每月均有发生，所以可以采用均摊法进行计量支付。例如，保养气象记录设备，每月发生的费用是相同的，如本项合同款额为2000元，合同工期为20个月，则每月计量、支付的款额为：2000÷20＝100元/月。

（2）凭据法。所谓凭据法，就是按照承包人提供的凭据进行计量支付。如建筑工程险保险费、第三方责任险保险费、履约保证金等项目，一般按凭据法进行计量支付。

（3）估价法。所谓估价法，就是按合同文件的规定，根据监理人估算的已完成的工程价款支付。如为监理人提供办公设施和生活设施，为监理人提供用车，为监理人提供测量设备、天气记录设备、通信设备等项目。这类清单项目往往要购买几种仪器设备，当承包人对于某一项清单项目中规定购买的仪器设备不能一次购进时，则需采用估价法进行计量支付。其计量过程如下所示。

首先，按照市场的物价情况，对清单中规定购置的仪器设备分别进行估价。

按下式计量支付金额：

$$F = A \cdot \frac{B}{D}$$

式中　F——计算支付的金额；

　　　A——清单所列该项的合同金额；

　　　B——该项实际完成的金额（按估算价格计算）；

　　　D——该项全部仪器设备的总估算价格。

从上式可知，该项实际完成的金额 B 必须按估算各种设备的价格计算，它与承包人购进的价格无关；估算的总价与合同工程量清单的款额无关。

当然，估价的款额与最终支付的款额无关，最终支付的款额是合同清单中的款额。

（4）断面法。断面法主要用于取土坑或填筑路堤土方的计量，对于填筑土方工程，一般规定计量的体积为原地面线与设计断面所构成的体积。采用这种方法计量，在开工前承包人需测绘出原地形的断面，并需经工程师检查，作为计量的依据。

（5）图纸法。在工程量清单中，许多项目都采取按照设计图纸所示的尺寸进行计量。如混凝土构筑物的体积，钻孔桩的桩长等。

（6）分解计量法。所谓分解计量法，就是将一个项目，根据工序或部位分解为若干子项。对完成的各子项进行计量支付。这种计量方法主要是为了解决一些包干项目或较大的工程项目的支付时间过长，影响承包人的资金流动等问题。

 引导问题 6

进度款支付申请内容和支付程序是怎样的？

_____

_____

_____

_____

 小提示

承包人应在每个计量周期到期后的 7 天内向发包人提交已完工程进度款支付申请一式四份，详细说明此周期有权得到的款额，包括分包人已完工程的价款。支付申请应包括下

列内容。

    （1）累计已完成的合同价款。

    （2）累计已实际支付的合同价款。

    （3）本周期合计完成的合同价款：

    1）本周期已完成单价项目的金额；

    2）本周期应支付的总价项目的金额；

    3）本周期已完成的计日工价款；

    4）本周期应支付的安全文明施工费；

    5）本周期应增加的金额。

    （4）本周期合计应扣减的金额

    1）本周期应扣回的预付款；

    2）本周期应扣减的金额。

    （5）本周期实际应支付的合同价款。

关于单价合同的计量程序，《建设工程施工合同（示范文本）》GF—2017—0201 中约定如下。

1）承包人应于每月按约定日期向监理人报送上月已完成的工程量报告，并附工程进度付款申请单、已完成工程量报表和有关资料。

2）监理人应在收到承包人提交的工程量报告后约定的时间内，完成对承包人提交的工程量报表的审核并报送发包人，以确定当月实际完成的工程量。监理人对工程量有异议的，有权要求承包人进行共同复核或抽样复测。承包人应协助监理人进行复核或抽样复测，并按监理人要求提供补充计量资料。承包人未按监理人要求参加复核或抽样复测的，监理人复核或修正的工程量视为承包人实际完成的工程量。

3）监理人未在收到承包人提交的工程量报表后的约定时间内完成审核的，承包人报送的工程量报告中的工程量视为承包人实际完成的工程量，据此计算工程价款。

同时《建设工程工程量清单计价规范》GB 50500—2013 还有以下规定。

1）发包人认为需要进行现场计量核实时，应在计量前通知承包人，承包人应为计量提供便利条件并派人参加。双方均同意核实结果时，双方应在上述记录上签字确认。承包人收到通知后不派人参加计量，视为认可发包人的计量核实结果。发包人不按照约定时间通知承包人，致使承包人未能派人参加计量，计量核实结果无效。

2）当承包人认为发包人核实后的计量结果有误时，应在收到计量结果通知后向发包人提出书面意见，并附上其认为正确的计量结果和详细的计算资料。发包人收到书面意见后，应对承包人的计量结果进行复核后通知承包人。承包人对复核计量结果仍有异议的，按照合同约定的争议解决办法处理。

3）承包人完成已标价工程量清单中每个项目的工程量并经发包人核实无误后，发承包人应对每个项目的历次计量报表进行汇总，以核实最终结算工程量，并应在汇总表上签字确认。

发包人应在收到承包人进度款支付申请后，根据计量结果和合同约定对申请内容予以核实，确认后向承包人出具进度款支付证书。若发承包双方对有的清单项目的计量结果出现争议，发包人应对无争议部分的工程计量结果向承包人出具进度款支付证书。发包人应在签发进度款支付证书后，按照支付证书列明的金额向承包人支付进度款。若发包人逾期未签发进度款支付证书，则视为承包人提交的进度款支付申请已被发包人认可，承包人可向发包人发出催告付款的通知。发包人应在收到通知后的 14 天内，按照承包人支付申请的金额向承包人支付进度款。发包人未按规定支付进度款的，承包人可催告发包人支付，并有权获得延迟支付的利息；发包人在付款期届满后仍未支付的，承包人可在付款期届满后暂停施工。发包人应承担由此增加的费用和延误的工期，向承包人支付合理利润，并应承担违约责任。发现已签发的任何支付证书有错、漏或重复的数额，发包人有权予以修正，承包人也有权提出修正申请；经发承包双方复核同意修正的，应在本次到期的进度款中支付或扣除。

　引导问题 7

什么是竣工结算？竣工结算的编制依据和计价原则是什么？竣工结算有何规定？

_____

_____

_____

　小提示

竣工结算是指一个建设项目或单项工程、单位工程全部竣工，发承包双方根据现场施工记录、设计变更通知书、现场变更鉴定、定额预算单价等资料，进行合同价款的增减或调整计算。

工程完工后，发承包双方必须在合同约定时间内办理工程竣工结算。工程竣工结算由承包人或受其委托具有相应资质的工程造价咨询人编制，由发包人或受其委托具有相应资质的工程造价咨询人核对。

竣工结算编制依据为：

（1）《建设工程工程量清单计价规范》GB 50500—2013；

（2）工程合同；

（3）发承包双方实施过程中已确认的工程量及结算的合同价款；

（4）发承包双方实施过程中已确认调整后追加（减）的合同价款；

（5）建设工程设计文件及相关资料；

（6）投标文件；

（7）其他依据。

工程竣工结算的计价原则为：

（1）分部分项工程和措施项目中的单价项目应依据双方确认的工程量与已标价工程量清单的综合单价计算；如发生调整的，应以发承包双方确认调整的综合单价计算。

（2）措施项目中的总价项目应依据已标价工程量清单的项目和金额计算；发生调整的，应以发承包双方确认调整的金额计算，其中安全文明施工费应按国家或省级、行业建

设主管部门的规定计算。

（3）其他项目应按下列规定计价：

1）计日工应按发包人实际签证确认的事项计算；

2）暂估价应按计价规范相关规定计算；

3）总承包服务费应依据已标价工程量清单的金额计算；发生调整的，应以发承包双方确认调整的金额计算；

4）索赔费用应依据发承包双方确认的索赔事项和金额计算；

5）现场签证费用应依据发承包双方签证资料确认的金额计算；

6）暂列金额应减去工程价款调整（包括索赔、现场签证）金额计算，如有余额归发包人。

（4）规费和税金按国家或省级建设主管部门的规定计算。规费中的工程排污费应按工程所在地环境保护部门规定标准缴纳后按实列入。

（5）发承包双方在合同工程实施过程中已经确认的工程计量结果和合同价款，在竣工结算办理中应直接进入结算。

合同工程完工后，承包方应在经发承包双方确认的合同工程期中价款结算的基础上汇总编制完成竣工结算文件，并在合同约定的时间内，提交竣工验收申请的同时向发包人提交竣工结算文件。

承包人未在合同约定的时间内提交竣工结算文件，经发包人催告后仍未提交或没有明确答复的，发包人有权根据已有资料编制竣工结算文件，作为办理竣工结算和支付结算款的依据，承包人应予以认可。

发包人应在收到承包人提交的竣工结算文件后的约定时间内核对。发包人经核实，认为承包人还应进一步补充资料和修改结算文件，应在规定时限内向承包人提出核实意见，承包人在收到核实意见后的约定时间内按照发包人提出的合理要求补充资料，修改竣工结算文件，并应再次提交给发包人复核后批准。

发包人应在收到承包人再次提交的竣工结算文件后的约定时间内予以复核，并将复核结果通知承包人。若发承包双方对复核结果无异议的，应在约定时间内在竣工结算文件上签字确认，竣工结算办理完毕；若发包人或承包人对复核结果认为有误的，无异议部分按照上述规定办理不完全竣工结算；有异议部分由发承包双方协商解决；协商不成的，按照合同约定的争议解决方式处理。

发包人在收到承包人竣工结算文件后的约定时间内，不核对竣工结算或未提出核对意见的，应视为承包人提交的竣工结算文件已被发包人认可，竣工结算办理完毕。

承包人在收到发包人提出的核实意见后的约定时间内，不确认也未提出异议的，应视为发包人提出的核实意见已被承包人认可，竣工结算办理完毕。

发包人委托工程造价咨询人核对竣工结算的，工程造价咨询人应在约定时间内核对完毕，核对结论与承包人竣工结算文件不一致的，应提交给承包人复核；承包人应在约定时间内将同意核对结论或不同意见的说明提交工程造价咨询人。工程造价咨询人收到承包人提出的异议后，应再次复核，复核无异议的，在竣工结算文件上签字确认，竣工结算办理完毕。复核后仍有异议的，无异议部分办理不完全竣工结算；有异议部分由发承包双方协商解决，协商不成的，按照合同约定的争议解决方式处理。承包人逾期未提出书面异议，视为工程造价咨询人核对的竣工结算文件已被承包人认可。

对发包人或发包人委托的工程造价咨询人指派的专业人员与承包人指派的专业人员经核对后无异议并签名确认的竣工结算文件，除非发承包人能提出具体、详细的不同意见，发承包人都应在竣工结算文件上签名确认，如其中一方拒不签认的，按以下规定办理：

（1）若发包人拒不签认的，承包人可不提供竣工验收备案资料，并有权拒绝与发包人或其上级部门委托的工程造价咨询人重新核对竣工结算文件。

（2）若承包人拒不签认的，发包人要求办理竣工验收备案的，承包人不得拒绝提供竣工验收资料，否则，由此造成的损失，承包人承担相应责任。

合同工程竣工结算核对完成，发承包双方签字确认后，禁止发包人又要求承包人与另一个或多个工程造价咨询人重复核对竣工结算。

发包人以对工程质量有异议，拒绝办理工程竣工结算的，已竣工验收或已竣工未验收但实际投入使用的工程，其质量争议按该工程保修合同执行，竣工结算应按合同约定办理；已竣工未验收且未实际投入使用的工程以及停工、停建工程的质量争议，双方应就有争议的部分委托有资质的检测鉴定机构进行检测，根据检测结果确定解决方案，或按工程质量监督机构的处理决定执行后办理竣工结算，无争议部分的竣工结算按合同约定办理。

 引导问题 8

竣工结算主要审查哪些内容？

 小提示

竣工结算的审查内容如下：

（1）核对合同条款

首先，应核对竣工工程内容是否符合合同条件要求，工程是否竣工验收合格；其次，应按合同规定对工程竣工结算进行审核。

（2）检查隐蔽验收记录

审查核对隐蔽工程施工记录和验收签证，检查手续是否完整，资料是否齐全，工程量与竣工图一致方可列入结算。

（3）落实设计变更签证

设计修改变更应由原设计单位出具设计变更通知单和修改的设计图纸、校审人员签字并加盖公章，经发包人和监理工程师审查同意、签证；重大设计变更应经原审批部门审批，否则不应列入结算。

（4）按图核实工程数量

竣工结算的工程量应依据竣工图、设计变更单和现场签证等进行核算，并按国家统一规定的计算规则计算工程量。

（5）核对单价，防止各种计算误差

认真核对，防止误差、多计或少算。

竣工结算款支付是怎样操作的？

_____

_____

_____

（1）承包人提交的竣工结算款支付申请

承包人提交的竣工结算款支付申请应包括下列内容。

1）竣工结算合同价款总额；

2）累计已实际支付的合同价款；

3）应预留的质量保证金；

4）实际应支付的竣工结算款金额。

（2）发包人签发竣工结算支付证书与支付结算款

1）发包人在收到承包人申请后予以核实，并签发支付证书，并按要求完成支付；

2）发包人在收到承包人支付申请后约定时间内不予核实、不签发支付证书，视为认可，按要求完成支付；

3）发包人未按照上述规定支付竣工结算款的，承包人可催告发包人支付，并有权获得延迟支付的利息；

4）发包人已签发支付证书或收到承包人支付申请约定时间内仍未支付的，承包人可与发包人协商将该工程折价，或向法院申请拍卖。

关于质量保证金有何规定？

_____

_____

_____

小提示

发包人应按照合同约定的质量保证金比例从结算款中扣留质量保证金。承包人未按照合同约定履行属于自身责任的工程缺陷修复义务的，发包人有权从质量保证金中扣留用于缺陷修复的各项支出。

经查验，工程缺陷属于发包人原因造成的，应由发包人承担查验和缺陷修复的费用。

在合同约定的缺陷责任期终止后，发包人应按照合同中最终结清的相关规定，将剩余的质量保证金返还承包人。

当然，剩余质量保证金的返还，并不能免除承包人按照合同约定应承担的质量保修责任和应履行的质量保修义务。

引导问题 11

关于最终结清有何规定？

_____
_____
_____

小提示

缺陷责任期终止后，承包人应按照合同约定向发包人提交最终结清支付申请。发包人对最终结清支付申请有异议的，有权要求承包人进行修正和提供补充资料。承包人修正后，应再次向发包人提交修正后的最终结清支付申请。发包人应在收到最终结清支付申请后的约定时间内予以核实，并应向承包人签发最终结清支付证书，并在签发最终结清支付证书后的约定时间内，按照最终结清支付证书列明的金额向承包人支付最终结清款。如果发包人未在约定的时间内核实，又未提出具体意见的，视为承包人提交的最终结清支付申请已被发包人认可。

引导问题 12

工程变更处理程序是怎样的？工程变更价款如何确定？

_____
_____
_____
_____

（1）工程变更处理程序

1）总监理工程师组织专业监理工程师审查承包人提出的工程变更申请，提出审查意见。

2）总监理工程师组织专业监理工程师对工程变更费用及工期影响作出评估。

3）总监理工程师组织发包人、承包人等共同协商确定工程变更费用、工期变更费用及工期变化。

4）项目监理机构根据批准的工程变更文件督促承包人实施工程变更。

（2）工程变更价款的确定

1）已标价工程量清单项目（及其工程数量发生变化的调整）：《建设工程工程量清单计价规范》GB 50500—2013 规定：

采用该项目的单价；且工程量增加超过 15％时，其增加部分的工程量的综合单价应予调低；当工程量减少超过 15％以上时，减少后剩余部分的工程量的综合单价应予调高。

2）已标价工程量清单中没有适用，但有类似于变更工程项目的，可参照类似项目的单价。

3）已标价工程量清单中没有适用和类似于变更工程项目的，由承包人根据变更工程资料、计量规则和计价办法、工程造价管理机构发布的信息价格和承包人报价浮动率提出变更工程项目的单价，报发包人确认后调整。其计算公式如下。

① 招标工程

承包人报价浮动率 $L =（1 －$ 中标价 $\div$ 招标控制价）$\times 100\%$

② 非招标工程

承包人报价浮动率 $L =（1 －$ 报价值 $\div$ 施工图预算）$\times 100\%$

4）已标价工程量清单中没有适用也没有类似于变更工程项目，且工程造价管理机构发布的信息价格缺价的，由承包人根据变更工程资料、计量规则、计价办法和通过市场调查等取得有合法依据的市场价格提出变更工程项目的单价，报发包人确认后调整。

（3）措施项目费的调整

工程变更引起施工方案改变并使措施项目发生变化时，承包人提出调整措施项目费的，应事先详细说明与原方案措施的变化情况，将拟实施的方案提交发包人确认后执行，并应按照下列规定调整措施项目费：

1）安全文明施工费按照实际发生变化的措施项目调整，不得浮动；

2）采用单价计算的措施项目费，按照实际发生变化的措施项目及前述已标价工程量清单项目的规定确定单价；

3）按总价（或系数）计算的措施项目费，按照实际发生变化的措施项目调整，但应考虑承包人报价浮动因素。

如果承包人未事先将拟实施的方案提交给发包人确认，则视为工程变更不引起措施项目费的调整或承包人放弃调整措施项目费的权利。

引导问题 13

施工索赔的主要类型是什么？索赔费用由哪些组成？

_____

_____

_____

_____

（1）索赔的主要类型

1）承包人向发包人的索赔

① 不利的自然条件与人为障碍引起的索赔；

② 工程变更引起的索赔；

③ 工期延期的费用索赔；

④ 加速施工费用的索赔；

⑤ 发包人不正当地终止工程而引起的索赔；

⑥ 法律、货币及汇率变化引起的索赔；

⑦ 拖延支付工程款的索赔；

⑧ 业主的风险；

⑨ 不可抗力。

2）发包人向承包人的索赔

① 工期延误索赔；

② 质量不满足合同要求索赔；

③ 承包人不履行的保险费用索赔；

④ 对超额利润的索赔；

⑤ 发包人合理终止合同或承包人不正当地放弃工程的索赔。

（2）索赔费用的组成

1）分部分项工程量清单费用

工程量清单漏项或非承包人原因的工程变更，造成增加新的工程量清单项目，其对应的综合单价的确定同工程变更价款的确定原则。

人工费的索赔包括：

① 完成合同之外的额外工作所花费的人工费用；

② 由于非承包人责任的工效降低所增加的人工费用；

③ 超过法定工作时间加班增加的费用；

④ 法定人工费增长以及非承包人责任工程延误导致的人员窝工费和工资上涨费等。

材料费的索赔包括：

① 由于索赔事项材料实际用量超过计划用量而增加的材料费；

② 由于客观原因材料价格大幅度上涨；

③ 由于非承包人责任工程延误导致的材料价格上涨和超期储存费用。

材料费中应包括运输费、仓储费，以及合理的损耗费用。如果由于承包人管理不善，造成材料损坏失效，则不能列入索赔计价。

施工机具使用费的索赔包括：

① 由于完成额外工作增加的机械、仪器仪表使用费；

② 非承包人责任工效降低增加的机械、仪器仪表使用费；

③ 由于发包人或监理工程师原因导致机械、仪器仪表停工的窝工费。窝工费的计算，如系租赁设备，一般按实际租金和调进调出费的分摊计算；如系承包人自有设备，一般按台班折旧费计算，而不能按台班费计算，因台班费中包括了设备使用费。

管理费又可分为现场管理费和总部管理费两部分。索赔款中的现场管理费是指承包人完成额外工程、索赔事项工作以及工期延长期间的现场管理费，包括管理人员工资、办公、通信、交通费等。索赔款中的总部管理费主要指的是工程延期期间所增加的管理费。其包括总部职工工资、办公大楼、办公用品、财务管理、通信设施以及企业领导人员赴工地检查指导工作等开支。这项索赔款的计算，目前没有统一的方法。在国际工程施工索赔中总部管理费的计算有以下几种方法：

① 按照投标书中总部管理费的比例（3%～8%）计算：

总部管理费=合同中总部管理费比率(%)×(人、料、机费用索赔款额＋现场管理费索赔款额等)

② 按照公司总部统一规定的管理费比率计算：

总部管理费=公司管理费比率(%)×(人、料、机费用索赔款额＋现场管理费索赔款额等)

③ 以工程延期的总天数为基础，计算总部管理费的索赔额，计算步骤如下。

对某一工程提取的管理费=同期内公司的总管理费×该工程的合同额/同期内公司的总合同额

该工程的每日管理费=该工程向总部上缴的管理费/合同实施天数

索赔的总部管理费=该工程的每日管理费×工程延期的天数

利润。一般来说，由于工程范围的变更、文件有缺陷或技术性错误、发包人未能提供现场等引起的索赔，承包人可以列入利润。但对于工程暂停的索赔，由于利润通常是包括在每项实施工程内容的价格之内的，而延长工期并未影响削减某些项目的实施，也未导致利润减少。所以，一般监理工程师很难同意在工程暂停的费用索赔中加进利润损失。索赔利润的款额计算中采用的利润百分率通常与原报价单中的利润百分率保持一致。

迟延付款利息。发包人未按约定时间进行付款的，应按银行同期贷款利率支付迟延付款的利息。

在不同的索赔事件中可以索赔的费用是不同的，根据国家发展改革委、财政部、住房和城乡建设部等9部委发布的《标准施工招标文件》中通用条款的内容，可以合理补偿承包人索赔的条款，如表10-1所示。

《标准施工招标文件》中合同条款规定的可以合理补偿承包人索赔的条款　　表 10-1

序号	条款号	主要内容	可补偿内容		
			工期	费用	利润
1	1.10.1	施工过程中发现文物、古迹以及其他遗迹、化石、钱币或物品	✓	✓	
2	4.11.2	承包人遇到不利物质条件	✓	✓	
3	5.2.4	发包人要求向承包人提前交付材料和工程设备		✓	
4	5.2.6	发包人提供的材料和工程设备不符合合同要求	✓	✓	✓
5	8.3	发包人提供资料错误导致承包人的返工或造成工程损失	✓	✓	✓
6	11.3	发包人的原因造成工期延误	✓	✓	✓
7	11.4	异常恶劣的气候条件	✓		
8	11.6	发包人要求承包人提前竣工		✓	
9	12.2	发包人原因引起的暂停施工	✓	✓	✓
10	12.4.2	发包人原因造成暂停施工后无法按时复工	✓	✓	✓
11	13.1.3	发包人原因造成工程质量达不到合同约定验收标准的	✓	✓	✓
12	13.5.3	监理人对隐蔽工程重新检查,经检验证明工程质量符合合同要求的	✓	✓	✓
13	16.2	法律变化引起的价格调整		✓	
14	18.4.2	发包人在全部工程竣工前,使用已接收的单位工程导致承包人费用增加的	✓	✓	✓
15	18.6.2	发包人的原因导致试运行失败的		✓	✓
16	19.2	发包人原因导致的工程缺陷和损失		✓	✓
17	21.3.1	不可抗力	✓		

2)措施项目费用

因分部分项工程量清单漏项或非承包人原因的工程变更,引起措施项目发生变化,造成施工组织设计或施工方案变更,使措施费发生变化时,已有的措施项目,按原有措施费的组价方法调整;原措施费中没有的措施项目,由承包人根据措施项目变更情况,提出适当的措施费变更,经发包人确认后调整。

3)其他项目费

其他项目费中所涉及的人工费、材料费等按合同的约定计算。

4)规费与税金

除工程内容的变更或增加外,承包人可以列入相应增加的规费与税金。其他情况一般不能索赔。

索赔规费与税金的款额计算通常采用原报价单中的百分率。

索赔费用的计算方法是什么？

（1）实际费用法

实际费用法是施工索赔时最常用的一种方法。该方法是按照各索赔事件所引起损失的费用项目分别分析计算索赔值，然后将各个项目的索赔值汇总，即可得到总索赔费用值。这种方法以承包人为某项索赔工作所支付的实际开支为根据，但仅限于由于索赔事件引起的，超过原计划的费用，故也称额外成本法。在这种计算方法中，需要注意的是不要遗漏费用项目。

（2）总费用法

总费用法即总成本法，就是当发生多次索赔事件以后，重新计算该工程的实际总费用，实际总费用减去投标报价时的估算总费用，即为索赔金额，即：

索赔金额＝实际总费用－投标报价估算总费用

但这种方法对发包人不利，因为实际发生的总费用中可能有承包人的施工组织不合理因素。承包人在投标报价时为竞争中标而压低报价，中标后通过索赔可以得到补偿。所以这种方法只有在难以采用实际费用法时采用。

（3）修正的总费用法

修正的总费用法是对总费用法的改进，即在总费用计算的基础上，去掉一些不合理的因素，使其更合理。

修正的内容如下所示。

1）将计算索赔款的时段局限于受到外界影响的时间，而不是整个施工期。

2）只计算受影响时段内的某项工作所受影响的损失，而不是计算该时段内所有施工工作所受的损失。

3）与该项工作无关的费用不列入总费用中。

4）对投标报价费用重新进行核算。按受影响时段内该项工作的实际单价乘以实际完成的该项工作的工程量，得出调整后的报价费用。

按修正后的总费用计算索赔金额：

索赔金额＝某项工作调整后的实际总费用－该项工作调整后的报价费用

修正的总费用法与总费用法相比，有了实质性的改进，它的准确程度已接近于实际费用法。

引导问题 15

什么是现场签证？现场签证的程序是什么？

_____

_____

_____

_____

小提示

现场签证是在施工过程中遇到问题时，由于报批需要时间，所以在施工现场由现场负责人当场审批的一个过程。它是发包人现场代表（或其授权的监理人、工程造价咨询人）与承包人现场代表对各种施工因素和施工条件发生变化而作出的一种必要真实记录；也是按合同约定，对合同价款之外可转化为价款责任事件所作的签认证明。

施工现场签证是对整个工程项目的某些施工情况作出变更、补充、修改等一系列调整的书面行为，同时也是对原施工承包合同的一种逐步完善，使原施工承包合同在工期、开工条件、价款、工程量增减、工程质量、工程设计、原材料、设备、场地、资金、施工条件、施工图纸、技术资料等方面的具体合同条款更加完备和更加具有操作性的备忘书面文件。

现场签证的程序如下：

（1）承包人应发包人要求完成合同以外的零星项目、非承包人责任事件等工作的，发包人应以书面形式向承包人发出指令，提供所需的相关资料。承包人在收到指令后，应及时向发包人提出现场签证要求。

（2）承包人应在收到发包人指令后的 7 天内，向发包人提交现场签证报告，发包人应在收到现场签证报告后的 48 小时内对报告内容进行核实，予以确认或提出修改意见。发包人在收到承包人现场签证报告后的 48 小时内未确认也未提出修改意见的，视为承包人提交的现场签证报告已被发包人认可。

（3）现场签证的工作如已有相应的计日工单价，现场签证中应列明完成该类项目所需的人工、材料与工程设备和施工机械台班的数量。

如现场签证的工作没有相应的计日工单价，应在现场签证报告中列明完成该签证工作所需的人工、材料与工程设备和施工机械台班的数量及其单价。

（4）合同工程发生现场签证事项，未经发包人签证确认，承包人便擅自施工的，除非征得发包人书面同意，否则发生的费用由承包人承担。

（5）现场签证工作完成后的 7 天内，承包人应按照现场签证内容计算价款，报送发包人确认后，作为增加合同价款，与进度款同期支付。

（6）在施工过程中，当发现合同工程内容因场地条件、地质水文、发包人要求等不一致时，承包人应提供所需的相关资料，提交发包人签证认可，作为合同价款调整的依据。

引导问题 16

现场签证的情形和范围有哪些？

小提示

现场签证的情形如下：

（1）发包人的口头指令，需要承包人将其提出，由发包人转换成书面签证；

（2）发包人的书面通知如涉及工程实施，需要承包人就完成此通知需要的人工、材料与工程设备等内容向发包人提出，取得发包人的签证确认；

（3）合同工程招标工程量清单中已有，但施工中发现与其不符，比如土方类别等，需承包人及时向发包人提出签证确认，以便调整合同价款；

（4）由于发包人原因，未按合同约定提供场地、材料与工程设备或停水、停电等造成承包人停工，需承包人及时向发包人提出签证确认，以便计算索赔费用；

（5）合同中约定的材料等价格由于市场发生变化，需承包人向发包人提出采购数量及单价，以取得发包人的签证确认。

现场签证的范围为：

（1）适用于施工合同范围以外零星工程的确认；

（2）在工程施工过程中发生变更后需要现场确认的工程量；

（3）非承包人原因导致的人工、设备窝工及有关损失；

（4）符合施工合同规定的非承包人原因引起的工程量或费用增减；

（5）确认修改施工方案引起的工程量或费用增减；

（6）工程变更导致的工程施工措施费增减等。

引导问题 17

现场签证费用是如何计算？需注意什么？

 小提示

现场签证费用的计价方式包括两种。

第一种是完成合同以外的零星工作时，按计日工作单价计算。此时提交现场签证费用申请时，应包括下列证明材料：

（1）工作名称、内容和数量；

（2）投入该工作所有人员的姓名、工种、级别和耗用工时；

（3）投入该工作的材料类别和数量；

（4）投入该工作的施工设备型号、台数和耗用台时；

（5）监理人要求提交的其他资料和凭证。

第二种是完成其他非承包人责任引起的事件，应按合同中的约定计算。

现场签证种类繁多，发承包双方在工程施工过程中来往信函就责任事件的证明均可称为现场签证，但并不是所有的签证均可马上计算出价款。有的需要经过索赔程序，这时的签证仅是索赔的依据，有的签证可能根本不涉及价款。考虑到招标时招标人对计日工项目的预估难免会有遗漏，造成实际施工发生后，无相应的计日工单价，现场签证一般会将计日工单价计上一并处理，因此，在汇总时，有计日工单价的，可归并于计日工；如无计日工单价的，可归并于现场签证，以示区别。当然，现场签证全部汇总于计日工也是一种可行的处理方式。

现场签证的注意事项如下：

（1）时效性问题

监理工程师应保证变更签证的时效性，避免事隔多日才补办签证，导致现场签证内容与实际不符的情况发生。此外，应加强工程变更的责任及审批手续的管理控制，防止签证随意性以及无正当理由拖延和拒签现象。

例如，某工程对镀锌钢管价格的确认，既没有标明签署时间，也没有施工发生的时间。按照当地造价信息公布的市场指导价，某年 5 月 DN5 镀锌钢管单价与 7 月的单价相差 150 元/吨。合同约定竣工结算时此材料按公布的市场指导价执行，施工企业取 7 月的镀锌钢管单价。如地下障碍物以及需拆除的临时工程，承包人在拆除后再签证，凭回忆签字。

（2）重复计量问题

某些现场签证没有考虑单元工程中已给的工程量。

（3）要掌握标书中对计日工的规定

监理工程师在审核工程量时，查阅了招标文件中对计日工中施工机械使用费单价的规定，其中对于施工机械使用费的规定为："施工机械使用费的单价除包括机械折旧费、修理费、保养费、机上人工费和燃料动力费、牌照税、车船使用税、养路费外，还应包括分摊的其他人工费、材料费、其他费用和税金等一切费用和利润。"按照规定：施工机械使用费中已包含了人工费和燃料动力费。因此人工费和燃料动力费的申报就属于重复计量了。

引导问题 18

施工阶段投资控制的措施有哪些?

建设工程的投资主要发生在施工阶段,这一阶段需要投入大量的人力、物力、财力等,是工程项目建设费用消耗最多的时期,浪费投资的可能性比较大。因此,应督促承包单位精心地组织施工,挖掘各方面潜力,节约资源消耗,这样可以收到节约投资的明显效果。参建各方对施工阶段的投资控制应给予足够的重视,仅仅靠控制工程款的支付是不够的,应从组织、经济、技术、合同等多方面采取措施控制投资。

施工阶段投资控制的具体措施如下:

(1)组织措施

1)落实从投资控制角度对施工跟踪的人员进行任务分工和职能分工。

2)编制施工阶段投资控制工作计划和详细的工作流程图。

(2)经济措施

1)编制资金使用计划,确定、分解投资控制目标。对工程项目造价目标进行风险分析,并制定防范性对策。

2)进行工程计量。

3)复核工程付款账单,签发付款证书。

4)在施工过程中进行投资跟踪控制,定期进行投资实际值与计划值的比较;发现偏差,分析产生偏差的原因,采取纠偏措施。

5)协商确定工程变更的价款。

6)审核竣工结算。

7)对工程施工过程中的投资支出做好分析与预测,经常或定期向建设单位提交项目投资控制及其存在问题的报告。

(3)技术措施

1)对设计变更进行技术经济比较,严格控制设计变更。

2)继续寻找通过设计挖潜节约投资的可能性。

3)审核承包人编制的施工组织设计,对主要施工方案进行技术经济分析。

(4)合同措施

1)做好工程施工记录,保存各种文件图纸,特别是实际施工存在变更情况的图纸,注意积累素材,为正确处理可能发生的索赔提供依据,参与处理索赔事宜。

2)参与合同修改、补充工作,着重考虑它对投资控制的影响。

2. 任务交底

码10-2 施工阶段
投资控制的
任务交底

根据给定的工程项目，编写工程款支付报审表、工程款支付证书、索赔意向通知书、费用索赔报审表和现场签证表。

本案例项目中，依据合同中约定的支付方式即按工程形象进度支付，本项目已完成基础工程工作需支付进度款。该施工单位提交工程款支付报审表（表10-2）及附件，经监理单位审核，建设单位审批后由监理单位开具工程款支付证书（表10-3）进行支付。

工程款支付报审表　　　　　　　　　　表 10-2

工程名称：××地块规划 36 班小学一期土建工程　　　　　　编号：001

致：　××监理有限公司
根据施工合同约定，我方已完成　基础工程　工作，建设单位应在××××年××月 ×× 日前支付工程款，共计（大写）壹佰贰拾万元整（小写：1200000 元），请予以审核。 　　附件：☑已完成工程量报表 　　　　　□工程竣工结算证明材料 　　　　　□相应支持性证明文件 　　　　　　　　　　　　　施工项目经理部（盖章） 　　　　　　　　　　　　　项目技术负责人（签字）××× 　　　　　　　　　　　　　　　　××××年××月××日 
审查意见： 1. 施工单位应得款为：1200000 元 2. 本期应扣款为：0 元 3. 本期应付款为：1200000 元 　　附件：相应支持性材料 　　　　　　　　　　　　　专业监理工程师（签字）××× 　　　　　　　　　　　　　　　　××××年××月××日
审核意见： 经审核，应付工程款 1200000 元。 　　　　　　　　　　　　　项目监理机构（盖章） 　　　　　　　　　　　　　总监理工程师（签字、加盖执业印章）××× 　　　　　　　　　　　　　　　　××××年××月××日 
审批意见： 同意支付工程款 1200000 元 　　　　　　　　　　　　　建设单位（盖章） 　　　　　　　　　　　　　建设单位代表（签字）××× 　　　　　　　　　　　　　　　　××××年××月××日

工程款支付证书

表 10-3

工程名称：××地块规划 36 班小学一期土建工程   编号：001

致：××建设有限公司

    根据施工合同约定，经审核编号为001 工程款支付报审表，扣除有关款项后，同意支付工程款共计（大写）壹佰贰拾万元整（小写：1200000 元）。

    其中：

1. 施工单位申报款为：1670000 元
2. 经审核施工单位应得款为：1200000 元
3. 本期应扣款为：0 元
4. 本期应付款为：1200000 元

附件：工程款支付报审表及附件

项目监理机构（盖章）
总监理工程师（签字、加盖执业印章）×××
××××年××月××日

    案例项目在建设中发生了变更和索赔事项，编写了索赔意向通知书（表 10-4）和费用索赔报审表（表 10-5），还用现场签证表（表 10-6）固定部分事实。

索赔意向通知书

表 10-4

工程名称：××地块规划 36 班小学一期土建工程   编号：001

致：××建设开发中心

    根据施工合同 10 条 10.2 条款约定，由于发生了 台风 事件，且该事件的发生非我方原因所致。为此，我方向（××单位）提出索赔要求。

    附件：索赔事件资料

提出单位（盖章）
负责人（签字）×××
××××年××月××日

费用索赔报审表

表 10-5

工程名称：××地块规划 36 班小学一期土建工程　　　　　　　　　　编号：001

致：　××监理有限公司

　　根据施工合同　10 条 10.2　条款，由于　台风影响　的原因，我方申请索赔金额（大写）　贰拾万元　（小写：200000 元），请予批准。

索赔理由：台风期间搅拌机损坏

附件：□索赔金额计算
　　　☑证明材料

施工项目经理部（盖章）
项目经理（签字）×××
××××年××月××日

审核意见：

□不同意此项索赔。

☑同意此项索赔，索赔金额为（大写）　贰拾万元整　（小写：200000 元）

　　同意/不同意索赔的理由：　不可预见因素导致施工设备损坏

　　附件：☑索赔审查报告

项目监理机构（盖章）
总监理工程师（签字、加盖执业印章）×××
××××年××月××日

审批意见：

同意上述索赔申请。

建设单位（盖章）
建设单位代表（签字）×××
××××年××月××日

现场签证表   表 10-6

工程名称：××地块规划 36 班小学一期土建工程   编号：002

施工部分	学校指定位置	日期	××××年××月××日

致：××建设开发中心

　　根据××××年××月××日的口头指令，我方要求完成此项工作应支付价款金额为（大写）贰仟伍佰元（小写2500.00元），请予核准。

　　附：1. 签证事由及原因：为迎接新学期的到来，改变校容、校貌，学校新增 5 座花池；

　　　　2. 附图及计算式（略）。

承包人（章）

承包人代表：×××项目部

日期：××××年××月××日

复核意见： 　　你方提出的此项签证申请经复核： 　　□不同意此项签证，具体意见见附件。 　　☑同意此项签证，签证余额的计算，由造价工程师复核。 　　　　　　　　　监理工程师：××× 　　　　　　　　　日期：××××年××月××日	复核意见： 　　☑此项签证按承包人中标的计日工单价计算，金额为（大写）贰仟伍佰元（小写2500.00元）。 　　□此项签证因无计日工单价，金额为（大写）＿＿（小写＿＿）。 　　　　　　　　　造价工程师：××× 　　　　　　　　　日期：××××年××月××日

审核意见

　　□不同意此项签证。

　　☑同意此项签证，价款与本期进度款同期支付。

发包人（章）

发包人代表：×××

日期：××××年××月××日

10.5 工作实施

根据老师给定的工程项目，模仿案例，编写工程款支付报审表、工程款支付证书、索赔意向通知书、费用索赔报审表和现场签证表，如表 10-7～表 10-11 所示。

工程款支付报审表   表 10-7

工程名称：   编号：

致：_____（项目监理机构）

　　根据施工合同约定，我方已完成_____ 工作，建设单位应在___ 年 ___月 ___日前支付工程款，共计（大写）_____（小写：_____），请予以审核。

　　附件：□已完成工程量报表
　　　　　□工程竣工结算证明材料
　　　　　□相应支持性证明文件

施工项目经理部（盖章）
项目技术负责人（签字）
年　　月　　日

审查意见：

1. 施工单位应得款为：

2. 本期应扣款为：

3. 本期应付款为：

　　附件：相应支持性材料

专业监理工程师（签字）
年　　月　　日

审核意见：

项目监理机构（盖章）
总监理工程师（签字、加盖执业印章）
年　　月　　日

审批意见：

建设单位（盖章）
建设单位代表（签字）
年　　月　　日

工程款支付证书

表 10-8

工程名称：   编号：

致：＿＿＿＿＿＿＿＿＿＿（施工单位）

　　根据施工合同约定，经审核编号为＿＿工程款支付报审表，扣除有关款项后，同意支付工程款共计（大写）＿＿＿

（小写：＿＿＿＿）。

　　其中：

　　1. 施工单位申报款为：

　　2. 经审核施工单位应得款为：

　　3. 本期应扣款为：

　　4. 本期应付款为：

　　附件：工程款支付报审表及附件

项目监理机构（盖章）
总监理工程师（签字、加盖执业印章）
年　　月　　日

索赔意向通知书

表 10-9

工程名称：   编号：

致：

　　根据施工合同＿＿＿条款约定，由于发生了＿＿＿＿＿＿＿＿＿＿＿＿事件，且该事件的发生非我方原因所致。为此，我方向（×××）提出索赔要求。

　　附件：索赔事件资料

提出单位（盖章）
负责人（签字）
年　　月　　日

费用索赔报审表

表 10-10

工程名称：

编号：

致：_____（项目监理机构） 　　根据施工合同_____条款，由于_____的原因，我方申请索赔金额（大写）_____（小写：___），请予批准。 　　索赔理由：_____ 　　附件：□索赔金额计算 　　　　　□证明材料 　　　　　　　　　　　　　　　　　　　　施工项目经理部（盖章） 　　　　　　　　　　　　　　　　　　　　项目经理（签字） 　　　　　　　　　　　　　　　　　　　　　　　　　年　　月　　日
审核意见： □不同意此项索赔。 □同意此项索赔，索赔金额为（大写）_____（小写：_____） 　　同意/不同意索赔的理由：_____ 　　附件：□索赔审查报告   　　　　　　　　　　　　　　　　　项目监理机构（盖章） 　　　　　　　　　　　　　　　　　总监理工程师（签字、加盖执业印章） 　　　　　　　　　　　　　　　　　　　　　　　年　　月　　日
审批意见： 同意上述索赔申请。   　　　　　　　　　　　　　　　　建设单位（盖章） 　　　　　　　　　　　　　　　　建设单位代表（签字） 　　　　　　　　　　　　　　　　　　　　　　年　　月　　日

现场签证表

表 10-11

工程名称：

编号：

| 施工部分 | | | 日期 | |

致：_____
　　根据_____年___月___日的口头指令，我方要求完成此项工作应支付价款金额为（大写）_____（小写
_____元），请予核准。
　　附：1. 签证事由及原因：
　　　　2. 附图及计算式（略）。

承包人（章）
承包人代表：
日期：　年　月　日

复核意见：	复核意见：
你方提出的此项签证申请经复核： □不同意此项签证，具体意见见附件。 □同意此项签证，签证余额的计算，由造价工程师复核。 <div style="text-align:center">监理工程师： 日期：　年　月　日</div>	□此项签证按承包人中标的计日工单价计算，金额为（大写）_____（小写_____元）。 　□此项签证因无计日工单价，金额为（大写___）（小写___）。 <div style="text-align:center">造价工程师： 日期：　年　月　日</div>

审核意见
　□不同意此项签证。
　□同意此项签证，价款与本期进度款同期支付。

发包人（章）
发包人代表：
日期：　年　月　日

10.6　评价反馈

相关表格详见表 0-4～表 0-7。

参 考 文 献

［1］ 中国建设监理协会 . 建设工程合同管理［M］. 北京：中国建筑工业出版社，2021.

［2］ 中国建设监理协会 . 建设工程投资控制［M］. 北京：中国建筑工业出版社，2021.

［3］ 蔡跃 . 职业教育活页式教材开发指导手册［M］. 上海：华东师范大学出版社，2020.

［4］ 全国招标师职业水平考试辅导教材指导委员会 . 招标采购专业实物［M］. 北京：中国计划出版社，2012.

［5］ 建设部政策法规司 . 建设系统合同示范文本汇编［M］. 北京：中国建筑工业出版社，2001.

［6］ 中国工程咨询协会 . 菲迪克（FIDIC）合同指南［M］. 北京：机械工业出版社，2003.

［7］ 王雪青 . 建设工程经济［M］. 北京：中国建筑工业出版社，2011.

［8］ 陈正，陈志钢 . 建筑工程招投标与合同管理实务［M］. 北京：电子工业出版社 ，2015.

［9］ 吴芳，冯宁 . 工程招投标与合同管理［M］. 北京：北京大学出版社，2014.

［10］ 赵兴军，于英慧 . 工程招标投标与合同管理［M］. 北京：北京理工大学出版社，2017.

［11］ 董巧婷 . 施工招投标与合同管理［M］. 北京：中国铁道出版社，2015.

［12］ 韩明 . 工程建设法规［M］. 天津：天津大学出版社，2014.

［13］ 刘树红，王岩 . 建设工程招投标与合同管理［M］. 北京：北京理工大学出版社，2017.

［14］ 杨春香，李伙穆 . 工程招投标与合同管理［M］. 北京：中国计划出版社，2011.

［15］ 何伯森 . 国际工程合同与合同管理［M］. 北京：中国建筑工业出版社，2010.

［16］ 本书编委会 . 建设工程施工合同（示范文本）GF—2017—0201 使用指南（2017 版）［M］. 北京：中国建筑工业出版社，2018.